AF627378

Beschreibung

der

Wassersäulen-Maschinen

im

Silberseegener Richtschacht bei Clausthal.

Von

J. C. Jordan,
Königl. Hannoverschem Maschinen-Inspektor.

(Aus Bd. X. des Archivs für Mineralogie, Geognosie, Bergbau und Hüttenkunde besonders abgedruckt.)

Mit zwei Kupfertafeln.

Berlin,
gedruckt und verlegt bei G. Reimer.
1837.

Die Wassersäulen-Maschinen im Silberseegener Richtschacht bei Clausthal.

Von

Herrn Maschinen-Inspektor J. C. Jordan.

Einleitung.

Die nachstehende Abhandlung ist hauptsächlich auf die Darstellung des baulichen Zustandes und der denselben zunächst bedingenden Lokal-Verhältnisse einer Maschinen-Anlage gerichtet, die man als das Schlussglied einer wichtigen bergmännischen Unternehmung betrachten kann. Es ist nicht zu verkennen, dass der Bergbau im Allgemeinen eine eigenthümliche Sorgfalt in Anspruch nimmt, um, auch nach geschehener Ausrichtung seiner verborgenen Schätze, die zweckdienlichsten Betriebs-Pläne zu ermitteln, wodurch in rechter Zeit und mit dem mindesten Kostenaufwande einer glücklichen Fortdauer desselben vorgekehrt werden kann.

Eine ausgedehnte Verbindung vieler Gruben-Gebäude, die, wie an unserem Oberharze, mit der Zeit einen sehr beträchtlichen Umfang erlangt hat (vergl. nachfolgenden

IVten Abschnitt), eröffnet zwar schon durch sich selbst mannigfaltige Wege zu Hülfs-Vorrichtungen; sie erheischt dagegen aber auch eine umsichtige Erwägung vielfacher Neben-Umstände, um den Bedürfnissen einzelner Werke, in nützlicher Gemeinschaft mit dem bestehenden Ganzen, zu entsprechen.

Da ich durch die im hohen Auftrage meiner Behörde projektirte und bewerkstelligte Bau-Ausführung der hiesigen Wassersäulen-Maschinen mich berufen finde, eine technische Beschreibung derselben öffentlich mitzutheilen: so zweifle ich nicht, dass eine kurze historische Uebersicht des Geschäftsganges, in welchem die Vorbereitung und Vollendung jener Anlage beschafft worden ist, jedem Freunde bergmännischer Unternehmungen, als eine Einleitung zur Sache, willkommen seyn wird.

Erst durch den Tiefen Georg-Stollen sind die Gruben-Gebäude des Burgstädter und Rosenhöfer Zuges bei Clausthal zu einer gemeinschaftlichen Wasserlösung verbunden worden, während eine ähnliche Communication, obgleich nur in oberer Teufe, zwischen dem Burgstädter und Zellerfelder Hauptzuge schon seit längerer Zeit und zuletzt durch den von Wildemann aus dem Innerst-Thale herangetriebenen Dreizehn-Lachter-Stollen bestanden hat.

Bald nach der Eröffnung des Tiefen Georg-Stollens, dessen letzter Durchschlag auf der anfänglichen Hauptlinie in dem Jahre 1799 erfolgt ist, projektirte man, zunächst auf dem Burgstädter Zuge, Clausthaler Bezirks, eine tiefere Verbindung der verschiedenen Revier-Abtheilungen, wesentlich in der Absicht, um für den Aushub der Grundwasser eine gemeinschaftliche Sohle zu erlangen, die zu einer vereinbarten Nutzung der in mehren Radgefällen vertheilten Wasserkräfte anwendbar gemacht werden konnte.

Man wählte den St. Lorenzer Tageschacht am westlichen Ende des Burgstädter Zuges zu dem Anfangspunkte dieser Vorrichtung und bestimmte den Ansatzpunkt jener Sohle, einer sogenannten ersten horizontalen Tiefen Wasserstrecke, im Niveau eines noch möglichen tieferen Erbstollens (etwa 60 Lachter unter dem Georgstollen), dessen Mundloch am südwestlichen Fusse des Oberharzes über dem Spiegel des Söseflusses, beim Dorfe Lasfelde unfern Osterode, ausersehen worden war.

Der erste Angriff des Betriebes dieser Wasserstrecke, im Jahre 1803, ist nach dem Herzog Georg Wilhelmer Schacht auf dem mittleren Burgstädter Zuge gerichtet, inzwischen aber die Treibmaschine des St. Lorenzer Schachtes einem Umbau unterzogen und die Fortsetzung des Wassergefälles vom Tage bis auf den Frankenscharner Stollen zur Herstellung von den inwendigen Radkünsten benutzt worden. Mit dieser Ausrüstung versehen, diente der St. Lorenzer Tageschacht vorläufig als ein Haupt-Kunstschacht für den Ortsbetrieb der Tiefen Wasserstrecke, der denn späterhin, nachdem der erste Communications-Abschnitt mit dem Herzog Georg Wilhelmer Schacht eröffnet war, auch nach den übrigen Schächten des Burgstädter Zuges angeordnet und begonnen worden ist.

Der bis dahin beschriebene Zustand war erzielt worden, als ich, in dem Jahre 1810, durch meine Dienst-Anstellung von den Betriebs-Verhältnissen des hiesigen Bergbaues Kenntniss erlangte. Erst 5 Jahre später, im Juli 1815, hat man die Fortsetzung der genannten Strecke auch nach dem Rosenhöfer Zuge unternommen. Die weitere Bearbeitung des angefangenen Werkes einer ausgedehnten, gemeinschaftlichen Wasserhaltung, zu deren Basis die erste Tiefe Wasserstrecke bestimmt war, fällt in das Jahr 1817, nachdem das Königl. Bergamt die Absinkung eines neuen Tageschachtes für die Grube Silberseegen projektirt und eine vorbereitende Ueberlegung dieser Sache, in Verbindung mit dem eben erwähnten Hauptplane, verfügt hatte. Eine deshalb angeordnete Special-Commission hat, unter der Leitung des Herrn Ober-Bergraths Albert, von diesem Zeitpunkte an bis jetzt fortbestanden; mehre Mitglieder des Bergamtes, namentlich die Herren Ober-Bergmeister Ey, Berg-Secretair Zimmermann, die Maschinen-Baubedienten, der Markscheider des Bezirks, nebst einigen der betreffenden Revier-Berg-Officianten, haben an diesen Berathungen regelmässig Theil genommen und das Resultat ihrer Conferenzen mittelst protokollarischen Berichtes in dem wöchentlich abgehaltenen Haushalts-Bergamte zum Vortrage gebracht.

Ursprünglich ist die Anlage des erwähnten neuen Schachtes durch das lokale Bedürfniss der Grube Silberseegen veranlasst, indem die Ausdehnung ihrer Erzbaue im westlichen Felde des Rosenhöfer Gangzuges so weit vorgerückt war, dass der Gebrauch einer eigenen Fördermaschine statt der bis dahin Statt gefundenen Mitbenuzzung des Altenseegener Treibwerks, ohne Nachtheil nicht länger ausgesetzt werden konnte. An dieses örtliche Bedürfniss knüpften sich aber noch andere Rücksichten einer allgemeineren Benutzung des projektirten neuen Schachtes, nämlich:

1) wegen Zutageförderung der Erze des Burgstädter Zuges, falls man es rathsam finden werde, die angesetzte erste Tiefe Wasserstrecke, entweder durch einen Schienenweg oder mittelst einer Navigation, auch als eine Haupt-Förderstrecke zu gebrauchen; und
2) hinsichtlich der Wasserhaltung unterhalb des Tiefen Georgstollens, im ausgedehnten Zusammenhange der, in der unmittelbaren Nähe von Clausthal und Zellerfeld belegenen Grubenzüge.

Die Erwägung des ersten Nutz-Objektes hatte deshalb viel Anziehendes, weil die günstige Lage des projektirten Schachtes, am südlichen Einhange des Clausthaler Pochthales, die Aussicht darbot, den bisherigen Transport der Burgstädter Erze durch Pferdegeschirr nach den Clausthaler Thals-Pochwerken abzuschaffen und diese Arbeitsleistung, unter Anwendung mechanischer Hülfsmittel, ausschliesslich für die Menschenkraft einzurichten, deren Beschäftigung, bei der zunehmenden Bevölkerung des Harzes, nur wünschenswerth erscheinen konnte. Eine fortgesetzte Relation über diesen Theil der commissarischen Berathung würde mich aber von dem speciellen Zwecke meiner historischen Uebersicht zu sehr entfernen. Ich schliesse solche mit der Bemerkung, dass jener Plan späterhin durch die rühmliche Bemühung des Herrn Ober-Bergmeisters Ey zur vollendeten Ausbildung gelangt und schon seit dem Jahre 1833, in Folge des combinirten Systems einer unterirdischen Navigation mit der, nach 17 Pochwerken verzweigten Wagenförderung auf Schienenwegen über Tage, der Gebrauch von 54 Zugpferden entbehrlich geworden ist.

Das Objekt der Wasserhaltung war bei der obschwebenden Ueberlegung aus dem Grunde von besonderer Wichtigkeit, weil man einer kräftigen und in ihrem Bestande gesicherten Wasserhebungs-Vorrichtung bedurfte, wenn man die Wirksamkeit der, in den verschiedenen Gruben-Revieren vorhandenen lokalen Radkünste für den Tiefbau verjüngen und die künftig communicirende Tiefe Wasserstrecke gleich einem Stollen, dessen mangelndes Mundloch durch die Anwendung einer hinlänglichen Maschinenkraft ersetzt ist, nutzbar machen wollte. Den St. Lorenzer Radkünsten, welche für die Ausrichtung des Wasserstrecken-Betriebes einstweilen in Gang gesetzt waren, durfte man eine nachhaltige Leistung nicht anvertrauen; denn sie befinden sich in einem alten bruchfälligen, durch wandelbares Gezimmer kaum haltbaren Schacht, dessen unregelmässige Donläge eine Ueberlast von Reibungs-Hindernissen verursacht. Abgesehen von dem sehr beträchtlichen Kostenaufwande, den die Erhaltung des St. Lorenzer Kunstschachtes alljährlich forderte, nahm dieses Etablissement auch eine unverhältnissmässige Aufschlagewasser-Menge in Anspruch, die, in ihrer Fortleitung nach dem Zellerfelder Hauptzuge nicht vollständig benutzt, dem wichtigeren Bedürfnisse des Rosenhöfer Zuges und den im oberen Thale folgenden Pochwerken ungünstiger Weise entzogen werden musste.

Unter solchen Umständen blieb der Umfang des Zweckes, den man mit der fraglichen Schacht-Anlage verknüpfen wollte, der berathenden Special-Commission nicht lange zweifelhaft. Auch war, schon unmittelbar durch die Verhandlungen des Bergamtes, über die Frage entschieden worden: ob man den neuen Schacht, bei seiner Bestimmung als Richtschacht im Hangenden des Gangzuges, mit einer regelmässigen, geringen Donläge oder vollkommen saiger abteufen werde. Ich muss einen besonderen Werth auf die Wahl der zweiten Alternative legen und bemerken, dass die überwiegenden Vortheile eines saigeren Richtschachtes, hauptsächlich durch den Vortrag des Herrn Maschinen-Direktors Mühlenpfordt erörtert, nicht ohne Widerspruch endlich zur Evidenz gelangt sind.

So beschlossen, erfolgte die feierliche Eröffnung dieses wichtigen Schachtbaues im Monat August 1817 durch eine Bergamts-Deputation unter dem Vorstande Sr. Excellenz des Herrn Staats- und Kabinets-Ministers von Meding, damaligen Geheimen Rathes und Berghauptmanns, dessen Protektion auch die nachfolgende Ausführung zum glücklichen Gedeihen befördert hat.

In dem damaligen Zeitpunkte war aber, der für's Allgemeine vorgerückten Beschlüsse ungeachtet, das Special-Projekt einer Maschinen-Anlage noch in unbestimmtem Felde. Die Concurrenz vielfacher Ansichten gewann einen grossen Spielraum und erheischte eine desto grössere

Vorsicht, je mehr solche, wegen der zu verwendenden Kraftmittel, das bis dahin bestandene System der allgemeinen Wasserwirthschaft beeinträchtigen konnte.

Hinsichtlich der Schachtförderung fand die Mitbenuzzung des 3ten Rosenhöfer Wasserfalles zu einer Treibmaschine keine Schwierigkeit; die Bau-Ausführung derselben ist deshalb sofort im Jahre 1819 unternommen worden; combinirt mit dem Kehrrade war eine interimistische Wasserkunst behufs des Schacht-Absinkens.

Es würde nicht zu weit führen, wenn ich von den mancherlei Vorschlägen, die auf eine künftige Wasserhebung in dem neuen Richtschachte abzweckten, eine ausführliche Darstellung nach dem Inhalt der Akten liefern wollte. Bei der übereinstimmenden Ansicht, Radkünste zu erbauen, lag die Verschiedenheit der Meinungen hauptsächlich in der mehr oder weniger beschränkten Entziehung einer, relativ durch Menge oder Gefällhöhe auf den umliegenden Werken schon benutzten Wasserkraft. Der nun verstorbene Herr Berghauptmann v. Reden projektirte eine Gefällbildung von nur 58 Fuss durch eine mit sehr langen Gräben- und Röschen-Zügen verknüpfte Wasserleitung nach und von dem neuen Richtschacht, aus dem oberen Innerst-Thale, allerdings mit Benachtheiligung der daselbst belegenen Pochwerke. Herr Markscheider Meine glaubte ein gleiches Gefälle auf dem kürzesten Wege durch die theilweise Ableitung der Rosenhöfer Wasser zu erreichen, unter der Voraussetzung, dass der Betrieb der benachbarten vier oberen Thals-Pochwerke ein Drittheil des damals vorhandenen Zuflusses wohl entbehren könne. Ein drittes Projekt, welches mit den gleichzeitigen Ansichten mehrer Officianten, namentlich auch der meinigen, übereinstimmte — insofern solches der erforderlichen Maschinenkraft den wirksamsten Vorschub leistete und die Construktion der Radkünste auf die bündigste Disposition zurückführte — referirte der Herr Ober-

Bergmeister Ey, es bezwecke die Herstellung von drei bis vier inwendigen Radkünsten in dem neuen Richtschacht, unmittelbar über dem Tiefen Georgstollen, unter Partikular-Gefällen von etwa $6\frac{1}{2}$ Lachtern; der Wasserbedarf recurvirte auf die künftige Ersparung im St. Lorenzer Schacht, indem etwa nur die Hälfte des hier verwendeten Aufschlages für den Zellerfelder Hauptzug damals noch benöthigt war, das übrige Quantum aber für den Rosenhöfer Zug sammt den oberen Thals-Pochwerken reservirt und eventuell durch den Bremerhöher Graben dorthin abgeführt werden konnte. Endlich noch idealisirte der damalige Berg-Secretair, Herr v. Uslar, behufs der Anlage inwendiger Kunstgezeuge unmittelbar über dem Tiefen Georgstollen, eine Aufschlagewasser-Versorgung im Wege eines etwa 800 Lachter langen Flügelortes von der Dreizehnlachter-Stollensohle unterhalb des Jungfrauer Schachtes auf dem Zellerfelder Hauptzuge nach dem Silberseegener Richtschacht, ein Vorschlag, dessen weitere Berücksichtigung nicht wegen des Zwekkes, wohl aber in Betracht eines abschreckenden Zeit- und Kosten-Aufwandes, füglich abgelehnt werden musste.

Ueber den Verhandlungen der in Concurrenz gestellten Frage waren, seit dem Anfang des Silberseegener Schachtbaues, fast drei Jahre verstrichen. Die Beschlussnahme des Königl. Bergamtes für den Einbau inwendiger Radkünste in unmittelbarer Folge über dem Tiefen Georgstollen hatte eine genügende Vorbereitung erlangt, nachdem von mir nicht allein die zur genaueren Uebersicht verlangten Aufschlagewasser-Messungen abgeführt, sondern auch eine rissliche Darstellung der baulichen Disposition inwendiger Kunstradstuben bearbeitet und eingereicht worden war. Obgleich diese Entwürfe Beifall fanden, so nahmen sie doch das Opfer einer gewissen Wassermenge in Anspruch, die durch den Einschlag im künftigen Silberseegener Richtschacht, um von Tage ab bis auf den Tiefen Georgstollen zu gelangen, höchstens nur auf ein Drittel ihres freien Gefälles nutzbar gemacht werden konnte. Jener Einschlagepunkt liegt so ziemlieh in der Mitte der Gefällgruppe, welche die Wasserwirthschaft des Clausthaler Bezirks umfasst, und der Verlust von einem solchen Rade Wasser, 180 bis 240 Cubikfuss in der Minute, erstreckte seinen Nachtheil auf die ganze Reihe der nachfolgenden Clausthaler Pochwerke, die Frankenscharner Silberhütte, den Silbernenaler Zug, und konnte, in Zeiten des Wassermangels, selbst den entfernter liegenden Werken von Wildemann bis Lautenthal nicht gleichgültig seyn.

Die scharfblickende Umsicht der oberen technischen Behörde erkannte jetzt den Zeitpunkt auf einem anderen Wege als durch Radkünste das geeignete Kraftmittel zu erzielen, indem der Herr Ober-Bergrath Albert (im Monat August 1820) bei dem Bergamte beantragte, die Frage zur officiellen Berathung und Erledigung zu bringen: ob es rathsam sey, in dem neuen Silberseegener Richtschacht auf die Anwendung von Wassersäulen-Maschinen zu rechnen. Die schon oben erwähnten Lokal-Zustände, in Betracht eines disponiblen Gefälles von 747 Fuss, motivirten diese, für Wasser-Ersparung höchst wichtige Ansicht mit den triftigsten Gründen, und es eröffnete sich desfalls, in Folge der Anwendung des Königl. Bergamtes, ein neues Feld vorbereitender Arbeiten für die bestellte Special-Commission.

Die Erfindung der Wassersäulen-Maschinen ist durch den Bergbau hervorgerufen, und hier auf dem Harze selbst durch Winterschmidt, wie gleichzeitig in Ungarn durch Höll, hat das Princip dieser Maschinen nicht allein seinen Ursprung, sondern auch die erste Anwendung gefunden. In Ungarn hatte der Mangel anderer Hülfsmittel den fortwährenden Gebrauch der ersten Höll-schen Wassersäulen-Maschinen unentbehrlich gemacht;

auf unserem Harze, namentlich zur Bockswiese und in dem Treuer Schacht des Zellerfelder Hauptzuges, konnte man die Winterschmidtschen Maschinen wieder abwerfen, als mit der Zeit eine vermehrte Zuführung von Aufschlagewassern es gestattete, den Gebrauch der einfacheren Radkünste zu retabliren. Die Ursache dieses Rückschrittes lag, abgesehen von Lokal- und Personal-Verhältnissen, in der Unvollkommenheit des derzeitigen Maschinenwerkes bei dem damaligen Zustande mechanischer Kunst und Wissenschaft. Nicht viel besser war das Ergebniss der ersten Anwendung von Wassersäulen-Maschinen beim sächsischen Bergbau im Erzgebirge, obgleich deren Anlage dort viel später und mit erhöheter Intelligenz versucht worden ist. Unter so bewandten Umständen darf es nicht befremden, dass hiesigen Orts jene Frage über die Anwendbarkeit von Wassersäulen-Maschinen erst am Schluss mehrjähriger Verhandlungen erörtert ist, weil ungefähr zu dieser Zeit, 1817 bis 1820, der Ruf ihrer neuesten glücklichen Anwendung auf den baierschen Salinen eine erneuerte Aufmerksamkeit rege machte und erwarten liess, dass die genialen Verbesserungen eines Reichenbach auch unter abweichenden Verhältnissen für den Bergbau von Nutzen seyn dürften.

Das Königl. Bergamt forderte, zur näheren Prüfung der angeregten Frage, den Entwurf eines Bauplanes für Wassersäulen-Maschinen, nebst einer vergleichenden Berechnung des Aufschlagewasser-Bedarfs und der Anlage-Kosten gegen Radkünste, mit Berücksichtigung veränderter Dimensionen beim Abteufen des Richtschachtes. Mit diesem Geschäft beauftragt, hatte ich die Ehre, im Monat December 1820 ein, nach dem damaligen Umfange meiner Ansichten bearbeitetes Projekt vorzulegen. Zwei doppelt wirkende Wassersäulen-Maschinen sollten in getrennter Wirkung neben einander aufgestellt und mit Kolbensteuerung versehen werden; der Treibkolben diente als Kuppelungs-Mittel für die Kolbenstange, welche in dem oberen wie in dem unteren Schlussdeckel des Kraft-Cylinders durch Stopfbüchsen geführt werden musste. Das untere Ende der Treibkolbenstange war unmittelbar mit dem ersten, das obere Ende dagegen vermittelst eines gusseisernen Balanciers mit dem zweiten Schachtgestänge verbunden, um an jeder Maschine etwa vier hohe Sätze, in abwechselnder Folge für den Aushub von der Tiefen Wasserstrecke bis zum Georgstollen, anbauen zu können. Bei einer mindesten Weite der Treib-Cylinder von nur 11½ Zoll Durchmesser hatte ich von der ganzen Fallhöhe des Schachtes nur 400 Fuss in Anspruch genommen, um unter einem präsumirten Wirkungsgrade von 50 pCt. mit 6 Fuss einfacher Hublänge und 4 bis 5 Kolbenspielen in der Minute die beabsichtigte Leistung zu erzielen. Ohne auf sonstige Einzelnheiten meines anfänglichen Entwurfs hier weiter einzugehen, will ich als Resultat der darauf gegründeten Folgerung nur bemerken, dass zwei dergleichen Säulen-Maschinen den Effekt von vier Kunstgezeugen mit 40 Fuss hohen oberschlächtigen Rädern ersetzt, und behufs dieser Leistung nur ⅓ des Aufschlagewasser-Bedarfs erfordert haben würden. Was den Kostenpunkt betrifft, so war durch die Veranschlagung nachgewiesen, dass die Anschaffung der Theile zu den eigentlichen Säulen-Maschinen keinen höheren Aufwand erheischte, als die bergmännische Arbeit wegen Aushauung der leeren Räume zu den Radstuben und Röschen, noch abgesehen von den Mehrkosten, die, bei mangelnder Gesteinsfestigkeit, ein Ausbau dieser Räume durch Mauerung oder Gezimmer veranlasst haben würde.

Je mehr die Annehmbarkeit dieser projektirten Vortheile zur Wahl von Wassersäulen-Maschinen einladete, um so aufmerksamer war die Prüfung, welche die angeordnete Special-Commission der Sache widmete. Auf den Vortrag der letzteren im Monat März 1821 beschloss das Bergamt, nach eingeholter höherer Genehmigung, jenen präliminaren Bauplan der Beurtheilung des Herrn v. Reichenbach in München vorzulegen und diesen competenten Kunstverständigen um eine gutachtliche Berathung zu ersuchen. Herr v. Reichenbach, damaliger Direktor des Königl. baierschen Ministerial-Bau-Bureau's, erwiderte die Bereitwilligkeit: seine Ansichten und Rathschläge im Wege einer mündlichen Verhandlung mitzutheilen, und um eine solche zu bewirken, erhielt ich den ehrenvollen Auftrag, die erforderliche Instruktions-Reise nach Baiern, im Frühjahr 1822, anzutreten. Mein Aufenthalt in München dauerte vom 1. Mai bis zum 4. Juni. Während dieser Zeit hatte ich mich der belehrenden Unterhaltung eines Mannes zu erfreuen, dessen ausgezeichnete Leistungen in der technischen Mechanik als ruhmwürdige Denkmäler seines thatkräftigen Erfindungsgeistes und zum Nutzen der Nachkommen noch lange fortbestehen werden; wie nicht minder die Güte und Biederkeit seines moralischen Charakters die wahre Achtung und das Vertrauen der Zeitgenossen begründet hat.

Die erste Aeusserung meines verehrten Rathgebers berührte den im vorgelegten Plane beabsichtigten Gebrauch doppelt wirkender Treib-Cylinder. Nach den eigenen Erfahrungen, welche Herr v. Reichenbach von den Vorzügen seiner neuesten Maschinen einfach wirkenden Princips auf der Soolenleitung zu Berchtesgaden erlangt hatte, hielt er die Erzielung gleicher Vortheile in dem hiesigen Falle für so wichtig, um eine Reform des Bauplanes darnach anzurathen. Eine nächste Folge dieses Vorschlages war die Anwendung eines einfachen Schachtgestänges in der Absicht, die Kraft des Treibkolbens auf eine einzige Pumpe zu übertragen, die, mit einer möglichst geringen Saughöhe, hauptsächlich als Hubsatz wirken und dergestalt, ohne Zertheilung der gegebenen

Hebungshöhe, die Aufförderung der Grundwasser bewirken musste. Eine solche Vereinfachung des Maschinensystems konnte für den Hauptzweck des Planes nur wünschenswerth erscheinen; denn sie versprach eine höhere Betriebs-Sicherheit und gestattete die vollständige Ausnutzung des an dem Bestimmungsorte vorhandenen freien Gefälles. Allerdings war nicht zu verkennen, dass die Kosten der Anlage in dem Verhältniss höher steigen mussten, als in Folge des vergrösserten Kalibers bei einfach wirkenden Maschinen, und beiläufig auch wegen mehrer Stärke bei erhöheter Pressung ein grösserer Aufwand an Eisen und Metall nicht umgangen werden konnte. Dieser Einwurf liess sich aber durch die Wahl des besseren Mittels für einen wichtigen Zweck füglich rechtfertigen. In der Sache selbst lag jedoch noch ein erschwerender Umstand, nämlich die schickliche Abwägung des sehr gewichtigen Schachtgestänges sammt den Kolben. Die Forderung: jedenfalls zwei Maschinen in völlig getrennter Wirkung zu besitzen, musste unwandelbar behauptet werden, und schon aus diesem Grunde konnte keine Verkuppelung der einfach wirkenden Treibkolben auf ein gegenseitiges Gleichgewicht Statt finden (vergl. nachfolg. IVten Abschnitt §. 2).

Um der Anwendung eines gemeinen Wagebaumes zu entgehen, idealisirte Herr v. Reichenbach in seinem Vorschlage den Gebrauch eines besonderen Aufzieh-Cylinders, dessen Kolben mit dem Treibkolben in stetiger Verbindung, die Hebung der Gestänglast beim aufsteigenden Hube effektuiren, dagegen im Niedergange des Hubes durch die Zurückpressung seiner verbrauchten Treibwasser das Aequivalent zur Abwägung jener Nebenlast darbieten sollte. Das Charakteristische dieser Idee wird näher bezeichnet, wenn ich hinzufüge, dass der Aufzieh-Cylinder in der beabsichtigten Stellung über dem Treib-Cylinder keiner abgesonderten Wassersäule bedurft hätte, sondern durch die communicirende Verbindung seines verschlossenen Fussendes mit der Einfallröhre in Wirkung gesetzt werden konnte.

Die nach ihrem wesentlichen Umfange jetzt erörterten Grundlinien eines veränderten Maschinen-Bauplanes hatte ich der Mittheilung meines gütigen Rathgebers zu verdanken, als ich München verliess, um, in Begleitung der hiesigen Bergamts-Assessoren Herren Neuss und Germelmann, die gemeinschaftlich begonnene Instruktionsreise nach den Königl. baierschen Salinen, und demnächst über Salzburg und durch einen Theil von Oesterreich und Böhmen nach Sachsen fortzusetzen. Im Zwecke einer vorliegenden Ausführung fand ich nun auch für den praktischen Theil meiner Instruktion über die Reichenbachschen Wassersäulen-Maschinen ein höchst lehrreiches Feld der Beobachtung auf dem Zuge der berühmten baierschen Soolenleitung, wo die grossartige Alpen-Natur den Hintergrund eines Aufrisses hydraulischer Kunstwerke bildet, deren Betrachtung an die Verdienste ihrer Urheber stets erinnern wird.

Beseelt von dem Wunsche, die erworbenen Rathschläge und Erfahrungen für den hiesigen Bergbau nutzbar zu machen, verwendete ich die freie Musse meiner noch übrigen Reisezeit auf ein vorbereitendes Nachdenken über specielle Dispositionen, die ich nun für die lokale Ausführung des neuen Planes zu bestimmen hatte. Insbesondere war das von Reichenbach beabsichtigte hydraulische Balancir-Mittel ein Gegenstand des Bedenkens, den ich zu modificiren wünschte. Die Aufstellung eines besonderen Aufzieh-Cylinders, axenrecht über dem Treib-Cylinder, complicirte den ohnehin schwierigen Einbau einer Gruben-Maschine und vermehrte unfehlbar die Umständlichkeit ihrer künftigen Behandlung. Der letzte Punkt meines Bedenkens umfasste auch den Mangel einer unbeschränkten Stellbarkeit des Apparates in dem Falle.

dass eine wechselnde Verschiedenheit in der Hubgeschwindigkeit des Auf- und Niederganges wünschenswerth seyn konnte; denn eine Sperrscheibe in dem Gurgelrohre des projektirten Aufzieh-Cylinders war, ohne Steuerung, für eine solche Combination nicht anwendbar. Ein Schritt meines weiter fortgesetzten Nachdenkens eröffnete mir die glückliche Idee: zur Abwägung des Schachtgestänges auf die Mitbenutzung der Fallröhre zu verzichten und den fraglichen Balancir-Effekt unmittelbar durch den Aushub der verbrauchten Kraftwasser zu bewirken. Das Ballast-Gewicht des Pumpengestänges nebst Zubehör liess sich als eine gegebene Kraftgrösse betrachten, deren Last-Objekt eine Hinterwassersäule bildete, welche, nach Maassgabe der Treibkolbenfläche, auf eine schickliche Höhe berechnet werden konnte. Mit dieser Ansicht vereinbarte sich aber gleichzeitig noch die Erwägung, dass der Standort des Treib-Cylinders in eine solche Tiefe unter der Sohle des Abfluss-Stollens verlegt werden musste, als das Aequivalent der anzuschliessenden Hinterwassersäule erforderte; denn nur in diesem Wege, nämlich durch die Erhöhung der Fallröhre nach unten, liess sich der Mehrbedarf an Kraft compensiren, dessen Verwendung die beim aufsteigenden Hube nicht neutralisirte Gestänglast in Anspruch nahm.

Während des Studiums dieser Sache befand ich mich zu Freiberg, wo Herr Maschinen-Direktor Brendel, gleichfalls mit Wiederanwendung der Wassersäulen-Maschinen beim dortigen Bergbau beschäftigt, den Entwurf seines Bauplanes für Alte Mordgrube vollendet und die Ausrichtung desselben bereits begonnen hatte. Da ich auf das Urtheil dieses, wegen tiefer Sachkenntniss und Erfahrung hochgeachteten Mannes einen grossen Werth legte: so freute es mich, zu vernehmen, wie Herr Brendel die nämliche Idee einer Hinterwassersäule früher schon erwogen und, ungeachtet der ihm von einem gelehrten Mathematiker dortigen Orts eingelegten Widersprüche, die nützliche Anwendbarkeit dieses Balancir-Mittels für den geeigneten Fall behauptet hatte.

Im Begriff, meinen damaligen Aufenthaltsort zu verlassen, um in Gesellschaft meiner Reisebegleiter das sächsische Obergebirge zu besuchen, fügte es sich, dass Herr Juncker, Königl. französischer Ingenieur und Direktor des Bergwerkes d'Huelgoat bei Poullaouen in Bretagne, mich noch zu Freiberg antraf. Er kam von München und hatte, in einer ähnlichen Angelegenheit wie die meinige, die Berathung des Herrn v. Reichenbach in Anspruch genommen. Etwa eine Woche später, am 26. August 1822, empfing ich ein durch Herrn Juncker mir vorgemeldetes Schreiben des Herrn v. Reichenbach, d. d. 9ten ejusd., mit der freundlichen Einladung, nach Gotha zu kommen, um hier, in nützlicher Gemeinschaft, den Ueberlegungen beizuwohnen, die er, im Interesse des Herrn Juncker, zu vollenden bis dahin behindert worden sey. Mein Entschluss, dieser gütigen Aufforderung zu entsprechen, war bald gefasst, um so mehr, als eine Stelle des erwähnten Briefes, die ich in Nachstehendem wörtlich anzuführen mir erlaube, mich den Erwerb neuer Rathschläge erwarten liess.

«Herrn Juncker's Fall ist folgender:

die Menge des disponiblen Aufschlagwassers in der Minute	438 Cub. Fuss.
das Gefälle desselben	$186\frac{3}{4}$ Fuss.
die ganze Gewältigungshöhe . . .	800 «
die zugewältigende Menge Wasser in der Minute	32 Cub. Fuss.

Der Fall hat viele Aehnlichkeit mit dem Ihrigen *), ist aber, wegen der ungeheuern Gewältigungshöhe zu 800

*) Zur unmittelbaren Vergleichung citire ich aus dem nachfolgenden IIIten Abschnitte das Verhältniss des Harzer Falles, wie folgt:

Pariser Fuss, bei weitem schwieriger, da das Gefälle nur 186¾ Fuss ist. Anfänglich gab ich Herrn Juncker den Rath, sich für seinen ähnlichen Fall derselben Mittel zu bedienen, die ich Ihnen vorgeschlagen habe; allein bei näherer Berechnung fanden sich technische Schwierigkeiten, vorzüglich hinsichtlich der kolossalen eisernen Gestänge etc. Bei dieser Gelegenheit dachte ich der Sache weiter nach und fand Mittel, die abscheulichen Gestänge ganz hinwegzuschaffen und mit halbgrossen Maschinen denselben Zweck noch sicherer zu erreichen.»

Ein günstiges Geschick war dem weiter verabredeten Vorhaben förderlich, denn die beabsichtigte Zusammenkunft hat vom 10. bis 14. September in Gotha und dann noch mehrere Tage in Weimar Statt gefunden.

Herr v. Reichenbach erläuterte zuvörderst seine brieflich angedeutete Meinung: vier halbgrosse Säulen-Maschinen doppelt wirkenden Princips unmittelbar über dem Spiegel der Grundwasser aufzustellen, aus der Fallhöhe über dem Stollen, sammt der Förderungshöhe bis zum Stollen, eine ununterbrochene Drucksäule zu bilden und solchergestalt, ohne Schachtgestänge, die vorhandenen Grundwasser sammt den verbrauchten Aufschlagewassern in einer gemeinschaftlichen Steigröhre bis zum Stollen aufzupumpen. Ein weiteres Nachdenken über das dynamische Wirkungs-Verhältniss einer solchen Modifikation, wozu dem Erfinder während einer Geschäftsreise in dem baierschen Rheinkreise nur wenige Stunden freier Musse übrig geblieben waren, hatte inzwischen die Un-

---

Menge der anwendbaren Aufschlage-Wasser pro Minute	64 Cub. Fuss.
deren ganzes Gefälle	747 Fuss.
die Gewältigungshöhe	361 –
die ausgehobene Grundwasser-Menge pro Minute bis	68 Cub. Fuss.

rathsamkeit dieser Idee schon herausgestellt und es bedurfte daher, im Interesse beider Anlagsfälle, keiner besonderen Einrede, um auch das Bedenken einer praktischen Ausführbarkeit, welche jener Ansicht namentlich beim Bergbau entgegenstand, hervorzuheben.

Im Zurückgehen auf den ursprünglichen Vorschlag einfach wirkender Maschinen producirte ich meinen, noch zu Freiberg durch Rechnung und Zeichnung vorbereiteten Entwurf zur Anwendung eines Wasser-Balanciers mittelst der oben idealisirten Hinterwassersäule. Herr von Reichenbach erkannte, nach einer kurzen Prüfung, die Nutzbarkeit dieser Absicht an und billigte ihren Vorzug gegen das verwandte Princip eines besonderen Aufzieh-Cylinders. Durch die weiter fortgesetzten Ueberlegungen fixirte sich nun das System unserer Baupläne, der des Herrn Juncker wie der meinige, nach gleichen Grundsätzen; wir trennten uns im wärmsten Dankgefühl von unserem gemeinschaftlichen Rathgeber, dessen frühzeitiges Ableben wir wenige Jahre später zu beklagen hatten.

Seit jener letzten persönlichen Zusammenkunft zu Gotha und Weimar hat zwischen Herrn Juncker und mir eine unmittelbare Correspondenz nicht weiter Statt gefunden. Erst im October vorigen Jahres, nachdem die ganze Anlage der hiesigen Wassersäulen-Maschinen bereits vor $1\frac{1}{4}$ Jahr vollendet war, ist mir die Abhandlung des Herrn Juncker: Mémoire sur les machines à colonne d'eau de la mine d'Huelgoat, concession de Poullaouen (Finistère), so weit solche in der 4ten und 5ten Lieferung des 8ten Bandes der Annales des Mines vom Jahre 1835 enthalten ist, zur Hand gekommen. Mit einer natürlichen Sympathie bin ich der anziehenden Darstellung dieses wichtigen Bauwerkes gefolgt, dessen Ausführung, vielfacher Schwierigkeiten ungeachtet, eines ähnlichen glücklichen Erfolges versichert ist. Indem ich meinen aufrichtigen Glückwunsch dem Erbauer hiermit ausdrücke, kann ich nicht umhin, zu bemerken, dass derselbe in dem geschichtlichen Texte seines Vortrages von dem wahren Hergang der Ideen-Entwickelung zum Theil abgewichen ist. Denn wenn ich auch für meine Person auf die Priorität der Idee einer Hinterwassersäule, als Balancirmittel, gern verzichten will, da, wie ich erst später unterrichtet bin, auch schon der vormalige Bergmeister Becker zu Freiberg in seinem Journal einer bergmännischen Reise durch Ungarn und Siebenbürgen, Freiberg 1815, denselben Gedanken ausgesprochen hat: so ist doch nichtsdestoweniger die nämliche Ansicht in mir selbst entstanden und, mit der Approbation des seeligen Reichenbach, zuerst durch meinen Vorschlag bei der Wassersäulen-Maschine am Harz, wie zu Poullaouen in Bretagne, in Ausführung gebracht worden.

Herr Juncker mystificirt aber den Ursprung jener Idee (vergl. Annales des Mines, 3me Serie, Tome VIII. Vme livraison: balancier hydraulique, page 253—257) für eigene Rechnung dergestalt, dass meine gegenwärtige Behauptung einem Zweifel unterliegen könnte, wenn ich nicht im Stande wäre, durch das eigenhändige Zeugniss des geehrten Verfassers deren Richtigkeit zu bestätigen.

Nach beendigter Reise (im October 1822) war die schlüssige Ausarbeitung des neuen Bauplanes für die Wassersäulen-Maschinen hiesigen Orts der wichtigste Gegenstand meiner Dienst-Obliegenheiten. Im Monat Juli 1823 habe ich dessen Eingabe bei dem Königl. Bergamte zu Clausthal bewerkstelligt und für die zweckdienlichste Ausführung der Sache meine gutachtlichen Vorschläge beigefügt. Auf den Bericht der angeordneten Special-Commission genehmigte das Bergamt den Inhalt dieses, nach den veränderten Grundlinien neu vorgelegten Projektes, und beantragte hiernächst die Verwilligung des zu circa 40,000 Thalern veranschlagten Kostenbetrages bei der höchsten Landesstelle. Das Königl. Kabinets-Ministerium zu Hannover rescribirte, mittelst hohen Erlasses vom 17. Juli 1824, wie in Folge allerhöchster Genehmigung Sr. Majestät des Königs, beschlossen sey, die erforderliche Kosten-Verwendung als eine Gesammt-Ausgabe des hiesigen Bergbaues von dem Capital-Bestande des Tiefen Georgstollens und dessen verfassungsmässigen Aufkünften, so weit als thunlich, bestreiten zu lassen.

Neben der belohnenden Aeusserung hoher Zufriedenheit mit dem bisherigen Erfolge meiner vorbereitenden Dienstleistungen, beehrte mich das Königl. Bergamt nun auch mit dem Vertrauen der wirklichen Ausführung dieses wichtigen Bauplanes. Ein grosses Feld schwieriger Detail-Arbeiten lag vor mir, und ich erkannte den Umfang meiner Verantwortlichkeit um so eindringlicher, je mehr die Kenntniss der Sache selbst in mir ausgebildet und das Erforderniss mangelnder Hülfsmittel erwogen worden war. Dass ich aber jenen Besorgnissen glücklich überkommen bin, verdanke ich nicht minder der treffenden Leitung meiner vorgesetzten Behörde, welche keinem meiner Ausrichtungs-Vorschläge ihre Bewilligung versagt hat, nachdem dessen Rathsamkeit in dem kürzesten Wege eines angemessenen Geschäftsganges geprüft worden war.

In dem Betriebsplane für die Ausführung hatte das Königl. Bergamt angeordnet:

1) den Aushieb des künftigen Maschinenschachtes nunmehr in denjenigen Dimensionen zu vollenden, welche nach dem ganzen Umfange des vorliegenden Projektes erforderlich waren;
2) die Lokal-Vorrichtung der Fundamente, Wasserbehälter und anderer Gegenstände, die als ein gemeinschaftliches Bedürfniss beider Säulen-Maschinen keine Trennung erleiden konnte, gleichfalls vorzunehmen; dagegen aber
3) die Anschaffung der Maschinentheile selbst vorerst nur auf eine Maschine zu richten, um die Erfah-

rung über etwa mögliche Verbesserungen zum Vortheil eines zweiten Abschnittes nutzbar zu machen.

Dieser Bestimmung gemäss ist verfahren, indem, noch abgesehen von den bergmännischen Arbeiten, sofort die Bestellungen auf das erforderliche geschmiedete Modelleisen, imgleichen auf das Eisengusswerk an Röhren, Lagerstücken und sonstigen Maschinentheilen, bei den Königl. Eisenhütten des Harzes aufgegeben und die Instandsetzung besonderer Werkstätten behufs der weiteren Bearbeitung und vollendeten Anfertigung solcher Theile von Guss- und Schmiede-Eisen hiesigen Orts begonnen worden ist. Die Herstellung der edleren Maschinentheile, hauptsächlich von Kanonenmetall, namentlich der Treib- und Pump-Cylinder sammt deren Kolben, Ventilen und den Steuerungs-Apparaten, durfte mit Gewinn an Zeit und unter Vermeidung umständlicher Zurüstungen, rathsamer Weise einer Privat-Entreprise überlassen werden. Die Maschinenfabrik des Herrn Henschel in Cassel, schon damals rühmlichst bekannt durch ihre ausgezeichneten Leistungen, übernahm den desfallsigen Antrag; sie entsprach in jeder Hinsicht den Bedingungen eines stipulirten Contraktes und beförderte, durch die mitwirkenden Rathschläge ihres leitenden Vorstandes, des verdienstvollen Herrn Ober-Bergrathes Henschel, die Vervollkommnung mancher Einzelnheiten meines Construktions-Entwurfes.

Die Gaarkupfer zu der Metall-Composition sind von den inländischen Werken des Harzes geliefert.

Gegen Ende des Jahres 1826 war, sowohl hier als zu Cassel, die Anfertigung aller Theile zu der ersten Maschine vollständig beschafft worden. Die Uebernahme der Henschelschen Arbeiten erfolgte im Januar 1827.

Inzwischen war nun auch die Fortsetzung aller bergmännischen Arbeiten des Gesammtplanes ihrem Ziele näher gerückt. Die Abteufung des Richtschachtes hatte, durch den vertheilten Angriff in sechs verschiedenen Mitteln, resp. durch Absinken und Uebersichbrechen, unter dem eifrigen Betriebe des Herrn Revier-Geschwornen **Lichtenberg**, eine schwunghafte Beförderung erlangt; denn der vollendende Durchschlag des letzten Schachtmittels oberhalb der Wasserstrecke, bis zur lothrechten Tiefe von 172 Lachtern unter Tage, erfolgte an dem Schlusse des Jahres 1825. Mit der Tiefen Wasserstrecke selbst war man, auf der Communications-Linie des Burgstädter und Rosenhöfer Zuges, zu Anfang des Jahres 1819 erst 1094 Lachter lang aufgefahren; die noch übrige Länge von 1285 Lachtern, gleichfalls vertheilt in sechs Abschnitten mit Ort und Gegenort, ist schliesslich auf ihrem längsten Mittel, zwischen den Querschlägen des St. Lorenzer und Altenseegener Schachtes 834 Lachter lang, im Monat Juli 1827 zum Durchschlag gebracht, und es ist ausserdem noch jene ältere Ortslänge, behufs der später intendirten Navigation, auf die mehre Weite und Höhe resp. 1 und 1½ Lachter nachgehauen und berichtigt worden.

Von dem glücklichen Zutreffen der jetzt erwähnten Durchschläge, sowohl des neuen Richtschachtes als der ersten Tiefen Wasserstrecke, war die weitere Ausführbarkeit der bisher bearbeiteten Vorrichtungs-Pläne zur Navigation und Wasserhebung wesentlich abhängig. Die desfallsigen Messungen und Angaben sind hauptsächlich unter der verantwortlichen Besorgung des Herrn Markscheiders **Meine** vollzogen worden. Man darf anerkennen, dass diese neuere Leistung der praktischen Markscheidekunst beim hiesigen Bergbau, hinsichtlich der Bedingungen und der damit verknüpften Lokal-Schwierigkeiten, alle früheren Arbeiten dieses Faches, die uns zur Dankbarkeit gegen die Vorfahren verpflichten, übertroffen hat.

Der wirkliche Einbau der ersten Wassersäulen-Maschine könnte mir zur Aufzählung mannigfaltiger Arbeits-

Beschwerden reichlichen Stoff darbieten. Ein grosser hydromechanischer Apparat, dessen Verbindungslänge sich auf eine Teufe von 1100 Fuss erstreckte, musste in einem dunkeln Schacht, wo kein Sonnenstrahl eindringen konnte, aufgebaut werden; diese Aufstellung musste beim Lampenlichte mit einer fast mathematischen Präcision und mit einer technischen Vorsicht bewerkstelligt werden, die ohne Nachtheil keinen Fehlgriff erlaubte und keinen Mangel gestattete; eine durchdringende Nässe, gleich einem unterirdischen Regen, Arbeiter und Aufseher erkältend, durfte das Geschäft jener Handarbeiten nicht beeilen, ohne der Sorgfalt zu schaden; eine Menge verschiedenartiger Materialien, schwere Massen und zarte Maschinentheile mussten, dem Seile vertrauend, in die Tiefe befördert und in den beschränkten Räumen der finsteren Baustätte abermals durch künstliche Hülfsmittel gehoben, gesenkt oder aufgerichtet werden; jedes Missverständniss störte den Fortgang der Ausrichtung, indem die Communication mit den Werkstätten und Vorräthen am Tage nur durch ein zeitraubendes Aus- und Einfahren der Arbeiter ermittelt werden konnte. — Dass unter solchen Schwierigkeiten eine beständige Gefahr die Ausführung begleitete und die Fürsorge des Baumeisters unablässig fesselte, wird kein Techniker, der ähnliche Dienste dem Bergbau gewidmet hat, verkennen wollen. Wenn ich in meiner Stellung nun noch genöthigt war, zu dem ersten Abschnitte dieses hier ungewöhnlichen Maschinenbaues brauchbare Werkleute und Handarbeiter erst heranzubilden: so muss ich den Werth einer mitwirkenden zuverlässigen Hülfe um so höher schätzen, welche der jetzige Kunstmeister, Herr Schrönn, hierbei der Sache und mir persönlich geleistet hat. Aber nicht allein bei der örtlichen Aufstellung, sondern auch bei den graphischen Verrichtungen wegen Ausfertigung der Special-Zeichnungen etc. ist Herr Schrönn, anfangs als Eleve und später als Gehülfe, adhibirt worden, wie denn auch in Folge solcher Vorkenntniss dessen mehrjähriger Aufenthalt in den Henschelschen Werkstätten zu Cassel der Expedition des dort bestellten Geschäftes sehr förderlich gewesen ist.

Die Aufstellung der ersten Wassersäulen - Maschine war zu Anfang des Jahres 1830 beendigt und kein Unglücksfall hatte den guten Fortgang dieses Geschäfts beeinträchtigt. Ein erster Umgangs-Versuch, den ich am 22. Januar genannten Jahres mit Assistenz des damaligen Baugehülfen Schrönn veranstaltete, bestätigte vorläufig die Tüchtigkeit des mechanischen Verbandes aller Theile des Maschinenwerkes, die Dichthaltung der Röhren und Verbindungsfugen unter einer vollständigen Wasser-Pressung und, in dynamischer Hinsicht, das richtige Wirkungs-Verhältniss der Steuerung. Eine weitere Prüfung der Maschine auf die Quantität ihrer Leistung erfolgte am 3. Februar, nachdem die Vorkehrung zum Ausblasen der Luft aus dem Pump-Cylinder vervollständigt und sonstige Neben-Erfordernisse inzwischen angerichtet waren. Die geschlossenen Sperrungen am Fusse der gefüllten Wassersäulen wurden allmälig mehr und mehr geöffnet. Bis zu 1 Spiele in der Minute gingen alle Funktionen ordnungsmässig von Statten; als aber der Hubwechsel auf eine grössere Geschwindigkeit gesteigert werden sollte, bemerkte man den Eintritt hörbarer Stösse und Erschütterungen, die, unter gleicher Stellung, sich unablässig wiederholten und schon in dem Fortschreiten zu 1½ Spielen so heftig wurden, dass die Feste des Grundbaues erzitterte und donnerähnliche Schläge die abgegliederten Säulen der Fallröhre in eine hüpfende Bewegung versetzten. Das fernere Probiren auf eine höhere Leistung war ohne Gefahr jetzt nicht weiter ausführbar; ich erkannte mit lebhafter Besorgniss in solchen Erscheinungen die Wirkung des hydraulischen Widders, jenes Erbfeindes aller

Wassersäulen-Maschinen, dessen Angriffe ich, bei einer schon vorbedachten Erweiterung des Reichenbachschen Hülfsmittels, entgehen zu können mir geschmeichelt hatte. Meine Verlegenheit war dringend; denn ohne Abhülfe dieses Uebels würde die ganze Anlage den berechneten Zweck verfehlt und, mit dem quantitativen Erfolge von nur $\frac{1}{4}$ des versprochenen Effektes, die Erwartung der hiesigen Bergwerks-Behörde sehr empfindlich getäuscht haben.

Erwägend, dass die Höhe der hiesigen Kraftwassersäule jene der grössten Reichenbachschen Säulen-Maschine zu Ilsang bei Berchtesgaden, und ebenfalls diejenige der Brendelschen Maschine auf Alte Mordgrube bei Freiberg, etwa um das Doppelte übersteigt, fand ich keine andere Auskunft, als das Princip eines allmälig verminderten Abschlusses der Treibwasser noch weiter zu verfolgen. Das hierzu angewendete Mittel war so einfach als der Gedanke selbst, welcher mich darauf hinführte, noch ehe ich meine Ausfahrt in dem Schacht vollendet hatte. Ein kegelförmiger Aufsatz von Hartblei (vergl. IIten Abschnitt §. 5) verlängerte wenige Tage später den noch in zu geringer Masse konificirten Ablauf des mittleren Steuerwechselkolbens, und hiermit allein war das ganze Hinderniss gehoben, dessen Einfluss ich in jenem Zeitpunkte eines sorgenvollen Nachdenkens bekämpfen musste.

Sonstige Neben-Vorrichtungen verspäteten die wirkliche Ingangsetzung der Maschine noch bis zum 16ten genannten Monats, und von diesem Tage an ist der Wasserhebungs-Betrieb in dem Silberseegener Richtschacht, einstweilen noch unter Beihülfe der St. Lorenzer Radkünste, begonnen worden.

Nachdem das Königl. Bergamt durch die wiederholten Special-Befahrungen einzelner seiner Mitglieder von dem befriedigenden Zustande des neuen Werkes die erforderliche Gewissheit erlangt hatte, nahm dasselbe keinen

Anstand, nun auch die Vorbereitung zum Bau der 2ten Maschine insofern zu genehmigen, als die desfallsigen Ausgaben mit den eigenen Kräften des Haushaltes bestritten werden konnten. Ungünstiger Weise effektuirte zu dieser Zeit die Conkurrenz der spanischen Bleie so nachtheilig auf den Absatz der hiesigen Produktion, dass die Beschränkung jedes ausserordentlichen Kosten-Aufwandes berücksichtigt werden musste. Erst gegen Ende des Jahres 1831 ward es mir gestattet, eine zweite Bestellung bei der Henschelschen Maschinen-Fabrik — nach dem fortbestehenden Contrakte — aufzugeben. Die Ablieferung der oben benannten, dort abermals gefertigten Maschinentheile erfolgte im Juli 1834, und weil die anderen Erfordernisse hiesigen Orts schon früher in Bereitschaft gesetzt worden waren, so konnte man dieses Mal den Einbau des Werkes um so mehr beschleunigen, als die Erfahrung der Arbeiter und frühere Vorrichtungen der Sache wesentlich zu Hülfe kamen. Nachdem ein vorläufiger Umgangs-Versuch die vollständige Brauchbarkeit des baulichen Systems erprobt hatte, war es ohne irgend eine Nachbesserung thunlich, am 14. Juli 1835 auch diese 2te Wassersäulen-Maschine auf den vollen Betrieb ihrer Wirkung in Gang zu setzen.

Zum Schluss der geschichtlichen Nachrichten führe ich noch an, dass gegen Ende des Jahres 1835 die Communication der ersten Tiefen Wasserstrecke mit dem vorderen Zellerfelder Hauptzuge gleichfalls eröffnet werden konnte. Der Ortsbetrieb dieser 875 Lachter langen Zweig-Verbindung war, auf den Antrag des Herrn Ober-Bergmeisters Ey, noch vor Jahresschluss 1827 begonnen und mit entgegengesetzter Richtung von und nach dem St. Lorenzer Schacht in Angriff genommen worden.

Allgemeine Bemerkungen.

1) Die Zeichnungen stellen dar, auf Taf. VIII.: die kraftausübende Partie der eigentlichen Wassersäulen-Maschinen, nämlich die Treib-Cylinder mit Zubehör an ihrem Standorte; und auf Taf. IX.: das von denselben betriebene Pumpenwerk.

2) Die vorhandenen Zwei Säulen-Maschinen nebst ihren Pumpen sind, in der Hauptsache und abgesehen von einzelnen Maass-Verschiedenheiten, nach einem gleichen Princip, nämlich einfach wirkend, erbaut; sie sind in dem genannten saigeren Schacht zu einer gemeinschaftlichen Raum-Benutzung neben einander aufgestellt, in dem System ihrer Wirkung aber völlig getrennt worden.

3) Gleichnamige Theile sind zwar ganz gleich bezeichnet, aber theils mit nicht unterstrichenen, theils mit roth unterstrichenen Buchstaben auf der Zeichnung eingeschrieben worden, um die Maschine, welche sie betreffen, unterscheiden zu können. Gewisse Abweichungen in den Dimensionen einzelner Theile, welche die später erbaute zweite Maschine erhalten hat, sind in der nachfolgenden Beschreibung angemerkt worden, in der Zeichnung aber unberücksichtigt geblieben.

4) Alle in dieser Beschreibung vorkommenden Angaben von Maassen und Gewichten beziehen sich, erstere auf das oberharzische Bergwerks-Maass das Lachter zu $6\frac{2}{3}$ Fuss oder 80 Zollen — den Fuss in 12 dergleichen Zolle und den Zoll in 12 Linien getheilt —; letztere auf das cölnische Gewicht den Centner zu 100 Pfunden gerechnet. — 12 Zoll des genannten Lachtermaasses sind genau gleich 11 Zoll Rheinländisch.

5) Um die Uebersicht des Ganzen zu erleichtern, bezweckt der nächstfolgende Theil dieses Vortrages nur eine gedrängte Darstellung des Gegenstandes zum Verständniss der Zeichnung und des maschinellen Zusammen-

hanges. Eine weitere Erörterung der speciellen Construktionen der dynamischen Verhältnisse und sonstiger Lokal-Zustände findet sich weiter unten.

Abschnitt I.

Bauliche Einrichtung und Wirkungsart der Maschinen.

Das Einfallrohr *E*, 6 Zoll weit, formirt die Kraftwassersäule der Maschine und steht zunächst in Verbindung mit einem Steuerungssystem von drei axenrecht über einander stehenden Cylindern, in welchen eben so viele, durch Zwischenstangen mit einander verbundene Kolben von verschiedenen Durchmessern gemeinschaftlich und in abgemessenen Zeiträumen auf- oder niedergehen. Der mittlere dieser Kolben *M*, 6 Zoll 0,432 Linien im Durchmesser, ist der eigentliche Steuer- oder Wechselkolben, während der obere *O*, 4 Zoll 1,612 Linien im Durchmesser, und der untere *U*, 5 Zoll $9\frac{1}{3}$ Linien im Durchmesser, nur als Gegenkolben dienen.

Das Einfallrohr communicirt, nach hinlänglich erfolgtem Niedergange des Wechselkolbens *M*, durch den oberen Theil des mittleren Steuer-Cylinders und dessen breitgeformtes Halsstück mit dem Treib-Cylinder *T*; die Kraftwasser bewirken alsdann den aufsteigenden Hub des Treibkolbens unter dem hydrostatischen Drucke einer 688 Fuss hohen Wassersäule; der Durchmesser dieses Kolbens beträgt 16 Zoll 6 Lin. und die exponirte Druckfläche desselben = 1,2885 Quadratfuss. In abgemessener Zeit vor dem vollendeten Aufgange des Treibkolbens verrichtet die Maschine selbstthätig ihre Absteuerung, in deren Folge dann die verbundenen drei Steuerkolben aufwärts gehen, der bisher offene Durchgang im oberen Theile des mittleren Steuer-Cylinders verschlossen und damit der fernere Zutritt der Kraftwasser abgesperrt wird.

Durch Aufsteigung des Wechselkolbens (*M*) ist inzwischen dem im Treib-Cylinder verbrauchten Kraftwasser der Abfluss geöffnet. Dieser erfolgt nicht unmittelbar am Standorte des Treib-Cylinders. Eine dem mittleren Steuer-Cylinder seitwärts angefügte Röhrensäule — das sogenannte Hinterwasserrohr *H*, 6 Zoll weit — empfängt jene, im Cylinder (*T*) von der Kraftsäule (*E*) excommunicirten Treibwasser, und führt solche 80 Fuss hoch zum Abguss auf den Tiefen Georgstollen.

Sowohl das Einfallrohr *E* als das Hinterwasserrohr *H* stehen durch die Steuerwasser-Leitröhrchen *L* und *L'* von nur $\frac{7}{8}$ Zoll Weite mit dem zweifach durchbohrten Steuerhahn *h* in Verbindung, so wie dieser letztere, durch ein drittes Leitröhrchen *L''*, mit dem unteren Steuer-Cylinder *U*. Indem nun der Hahnwirbel nach der einen oder anderen Seite unter einem Winkel von $75\frac{1}{3}$ Grad gedreht wird, öffnet er abwechselnd einer der beiden Leitröhren *L* oder *L'* die Communication mit diesem unteren Steuer-Cylinder. Im ersten Fall, bei der Verbindung mit *L*, drückt die Kraftwassersäule des Einfallrohrs gegen die Unterfläche des dritten Steuerkolbens *U* und bewirkt, behufs der Steuerung, ein gemeinschaftliches Aufsteigen des Dreikolbensystems; im zweiten Fall dagegen wird jene Communication, mithin auch jene Druckkraft, aufgehoben; da nun in diesem Zustande der Wasserdruck auf den mittleren Steuerkolben *M*, dessen grösseren Querschnittes wegen, angemessen überwiegend ist gegen den gleichzeitigen Druck unter dem oberen Gegenkolben *O*, so gehen die Steuerkolben nieder, und die unterhalb des unteren Gegenkolbens *U* verbrauchten Steuerwasser finden einen geöffneten Ausweg durch das Röhrchen *L''*, den Steuerhahn und das Röhrchen *L'* in das Hinterwasserrohr *H*.

In dem einen wie in dem anderen Zustande der Hahnenstellung wird zwar die Pressung der Hinterwassersäule bei einer nach entgegengesetzter Richtung beständig fortdauernden Einwirkung resp. auf die Unter- und Oberfläche der Kolben *M* und *U* nicht völlig aufgehoben; es ist aber deren Differenz — die aus den wenig verschiedenen Grössen ihrer Druckhöhen und Kolbenflächen entspringt — bei einer genauen hydrodynamischen Berechnung der wechselnden Steuerkraft, unter Berücksichtigung des eigenen Gewichts der zu bewegenden drei Kolben und der hier übrigens Statt findenden Verhältnisse, von keinem erheblichen Einfluss.

Zur selbstthätigen Vermittelung dient eine, seitwärts zwischen den Steuer-Cylindern und dem Treib-Cylinder lothrecht aufgestellte (Steuer-) Welle *W*, als Drehaxe für drei daran befestigte Arme. Zwei derselben sind an ihrem äussersten Ende mit einem winkelförmigen Schienen-Ansatze versehen, dessen in Stahl plattirte Schenkel gegen die Lothlinie eine angemessene Neigung haben. Beide Arme (*a* und *a'*) sind in verschiedenen stellbaren Höhen-Abständen angebracht und mit den Scheiteln ihrer Winkelansätze auf einen entgegengesetzten Angriff gerichtet. Der dritte gerade Arm *g*, im Niveau der Steuerhahnskurbel befestigt, ist mit derselben durch eine kurze Zugstange *z* verbunden.

Die Stange des Treibkolbens (6 Zoll stark) wird, mittelst einer Stopfbüchse (*b*), unter dem Bodenstücke des Treib-Cylinders abgeliedert; sie ist durch eine Schraubenmuffe (*m*) mit dem Schachtgestänge (*G*) verbunden. Auf dieser Verbindungsmuffe befindet sich eine durchbrochene, kreisrunde Scheibe *B*, die sogenannte Steuerscheibe, welche im gemeinschaftlichen Auf- und Niedergange mit der Treibkolbenstange etc. zu rechter Zeit den Winkelansatz resp. des oberen oder unteren Steuerarmes (*a* und *a'*) seitwärts abschiebt, dergestalt, dass die Steuerwelle (W) und dadurch, mittelst des geraden Steuerarmes g und der Zugstange z, auch der Steuerhahn h eine entsprechende, wiederkehrende Drehung erlangt. Das Schachtgestänge G besteht aus geschmiedeten, durch Bolzenschlösser verbundenen Stangen von 10 Fuss Stück-Länge und $2\frac{1}{2}$ Zoll Geviertstärke. Zwei Kugelstangen-Gewinde — wie eine dergleichen bei K auf Taf. VIII. ersichtlich ist — bezwecken, theils eine bequeme Ablösbarkeit und genaue Längen-Berichtigung des Gestänges, theils aber sind sie nothwendig, um eine spiralförmig drehende Spannung zu verhüten, die während des Hubganges der Kolben leicht eintreten kann. An seinem unteren Ende ist das Schachtgestänge mit der Pumpenkolbenstange (resp. $5\frac{1}{2}$ und $5\frac{1}{4}$ Zoll im Durchmesser) gleichfalls durch eine Schraubenmuffe m' verbunden, weshalb in Folge dieses stetigen Zusammenhanges die Hubbewegung des Treibkolbens unmittelbar auf den Pumpkolben übertragen wird. Das Maass der grössten Hublänge ist für die erste Maschine auf 6 Fuss, für die zweite aber auf $6\frac{2}{3}$ Fuss projektirt worden.

Das Gewicht des ganzen Schachtgestänges, mit Einschluss des Treib- und des Pumpkolbens, beträgt 104 Centner.

Von diesem Ballast-Gewicht des Maschinensystems wird im Niedergange der betreffenden Kolben nur ein geringer Theil, etwa $21\frac{1}{2}$ Centner, zur Ueberwindung der Pumpen-Sauglast verwendet, während die noch übrige Gestänglast, etwa $82\frac{1}{2}$ Centner, dadurch balancirt wird, dass ihre Ueberwucht die Aufförderung der im Treib-Cylinder beim aufsteigenden Hube verbrauchten Kraftwasser, bis zum Abguss auf den Tiefen Georgstollen 80 Fuss hoch, mit angemessener Geschwindigkeit zu bewirken hat (s. oben Hinterwasserröhre H).

Diese am hiesigen Orte vielleicht zuerst versuchte Combination eines hydraulischen Balanciers hat die Anwendung der sonst gewöhnlichen sehr lästigen und kostbare Räume fordernden Wagebäume entbehrlich gemacht, und veranlasst, dass die Aufstellung des Treib-Cylinders in 76 Fuss Tiefe unter dem Sohlen-Niveau des Tiefen Georgstollens ausgeführt werden konnte.

Der Pump-Cylinder *P* ist, resp. an der ersten und zweiten Maschine, 16 Zoll $7\frac{1}{8}$ Linien und 17 Zoll $6\frac{1}{4}$ Linien weit gebohrt, und die freie Druckfläche seines massiven, d. h. nicht durchbrochenen, Kolbens enthält resp. 1,3405 und 1,4940 Quadratfuss. Die Deckelplatte desselben ist, ähnlich wie die Bodenplatte des Treib-Cylinders, mit einer Stopfbüchse *b'* versehen.

Durch einen breiten Hals communicirt der Pump-Cylinder an seinem oberen Ende mit dem Ventilbehälter *V*, und es wird beim Niedergange des Kolbens das Ansaugen der zu hebenden Wasser aus dem Grundwasserkasten *X* durch die Saugröhre *R*, bei geöffnetem Saug-Ventile *v*, auf nur $16\frac{7}{12}$ Fuss Höhe vermittelt.

Mit dem aufsteigenden Hube des Pumpkolbens schliesst sich das erwähnte Saugventil *v*, dagegen öffnet sich das Steigventil *v'*, und die von dem Pumpen-Cylinder durch das frühere Ansaugen von oben eingenommene Füllung wird, indem die Kraftsäule der Maschine zur Thätigkeit gelangt, über dem Pumpkolben in die Steigröhre *S* und aus dieser, $344\frac{5}{12}$ Fuss hoch, zum Abguss auf den Tiefen Georgstollen gefördert. Die Saug- und Steigröhren haben 7 Zoll und die napfförmigen Kegelventile 6 Zoll inneren Durchmesser; nur der unterste Ansatz des Saugrohrs ist 14 Zoll weit.

Sonstige Bezeichnungen.

c. Röhrenbüchse von Kupferblech behufs der Fugen-Verkittung; *A*. Abgeliederte Muffen-Verbindung zweier kolbenförmigen Röhren-Enden, welche die verschiedenen Röhrensäulen in angemessene, lösbare Abschnitte theilen und wesentlich auch die mit dem Temperaturwechsel stets veränderliche Längen-Ausdehnung, selbst auch partielle Nachsetzungen auf den Lagerstellen, ohne Störung des befestigten Zusammenhanges gestatten.

l. Hähnchen zum Ablassen der bei der Wasserfüllung im Innern der Maschine sich ansammelnden Luftblasen; *k*, *k'*, *k''*. Sperr-Apparate, befindlich im Einfallrohre, im Treibcylinder-Halse und im Hinterwasserrohre, zur gänzlichen Abstellung und auch zur angemessenen Regulirung der Hub-Geschwindigkeit der Maschine anwendbar: sind einfache, der Form des betreffenden Durchgangs-Querschnittes genau entsprechende Scheiben mit eingedichteten, durch Schrauben ohne Ende drehbaren Axen.

r. Hubwasser-Stängelchen, zur Beobachtung des Steuerkolben-Ganges.

d. Federbleche von Messing, zur Begränzung des aufsteigenden Hubweges der Steuerkolben.

e. Dergleichen, unter einem gestielten eisernen Kugelsegmentstück gelagert, zur Begränzung des Steuerkolben-Niederganges.

x, *x'*. Sperrhähne in den Steuerwasser-Leitröhrchen *L* und *L'* zur Regulirung der Steuerkraft.

y, *y'*. Ablasshähne, behufs Entleerung der Maschinentheile.

f. Becken von Kupferblech zum Auffangen des die Treibkolben-Liederung durchdringenden Wassers.

i. Horizontal durchlöcherter Schlagring von Blei zur Begränzung des Treibkolben-Niederganges.

q. Schlagring von Blei zur Begränzung des Treibkolben-Aufganges.

n, *n'*. Ringförmige metallene Einlagen im Innern der Stopfbüchsen, zwischen dem aus gefetteten Lederringen bestehenden Liederungsmittel angebracht; sie sind am inneren und äusseren Kreisumfange mit einer Hohlspur versehen, welche zwei Hohlspuren, durch radial eingebohrte

Löcher communicirend, die eingepresste Schmiere resp. empfangen und um die abgeliederte Kolbenstange wulstförmig verbreiten.

p. Schmierpress-Apparate, befindlich an dem Steuerhahn, imgleichen an den Stopfbüchsen der Treib- und Pumpkolbenstange.

C. Tragbalken von Gusseisen *D.* Ständerstücke « *F.* Lagerkästen « « *I.* Gemauerte Bogenpfeiler von Granit, mit gusseisernen Deckplatten belegt	zur Fundamentirung und Verankerung der Treib-Cylinder.

N. Sitzplatte für den Pump-Cylinder.

Q. Lager von Eichenholz, zur weiteren Befestigung des Pump-Cylinders nebst Zubehör in den festen Gesteins-Brüstungen der langen Schachtstösse.

s. Schlagring von Eichenholz, zur Begränzung des Pumpkolben-Niederganges.

R'. Luftabsperrungsröhre, dem unteren Ende des Pump-Cylinders angeschlossen, um den Durchgang der Luft in der Pumpkolben-Liederung während des einsaugenden Hubes zu verhüten.

t. Schütz-Apparat im Wasserkasten.

z. Hebewinden-Gerüste für die Pumpen, wie eine ähnliche Hülfs-Vorrichtung auch nahe über den Treib-Cylindern befindlich ist.

Abschnitt II.

Specielle Beschreibung der Construktion, materiellen Beschaffenheit und Gebrauchs-Bestimmung einzelner Maschinentheile.

§. 1.

Einrichtung des Schachtes und Gefäll-Nutzung in selbigem.

Der betreffende Silberseegener Richtschacht ist, seiner Länge nach, in die gewöhnlichen zwei Raum-Abtheilungen: des Treibschachtes und des vereinigten Fahr- und Maschinen-Schachtes, gesondert. Ein Stempelschlag, der sogenannte Schachtscheider, trennt diese beiden Räume. Der Treibschacht (abendwärts) hat, einschliesslich des mittleren Gezimmers, 2 Lachter, der Maschinen- und Fahrschacht (morgenwärts) die nach Bedarf verschiedene Länge von 1, $2\frac{1}{2}$ und am Standorte der Treib-Cylinder sogar von $3\frac{1}{2}$ Lachter, bei 1 Lachter normaler Weite; seine Teufe erstreckt sich gegenwärtig bis auf 3 Lachter unter der ersten Tiefen Wasserstrecke und beträgt, vom Tage ab, $176\frac{1}{2}$ Lachter oder $1176\frac{2}{3}$ Fuss.

8 Lachter ($53\frac{1}{3}$ Fuss) unter Tage, im Niveau der Kehrradsstuben-Sohle, ist ein Röschenort an den Schacht getrieben; auf demselben liegt ein Behälter von Bohlen mit abgetheiltem Fachwerke, der die Aufschlagewasser zuerst aufnimmt, solche mittelst eingestellter Stabgitter von den gröberen Unreinigkeiten läutert und dann die erforderliche Wassermenge unter einer Schützstellung im Wege eines horizontalen 80 Fuss langen, 7 Zoll weiten gusseisernen Röhrenstranges in den obersten Sammelkasten am Schacht ablaufen lässt.

Das Niveau dieser Röhrensohle ist der Anfangspunkt des in dem genannten Richtschacht bis zum Tiefen Georgstollen überhaupt vorhandenen freien Gefälles von $112\frac{7}{80}$ Lachter oder $747\frac{1}{4}$ Fuss.

Der Umstand, dass in dem zunächst folgenden Teufen-Abschnitt von $20\frac{27}{80}$ Lachter oder $135\frac{7}{12}$ Fuss ein älterer Tagestollen, der Rabenstollen genannt, dem neuen Schacht eine Wassermenge von 8 bis 16 Cubikfuss pro Minute zuführt, die sich schon ausser der Regen- und Fluthzeit in den oberen Teufen des Rosenhöfer Zuges vorfindet, veranlasste den Beschluss, vorläufig das Niveau des Rabenstollens zum Einschlagepunkt der Fallröhren zu wählen, und erst von hier ab die Nutzung des gegenwärtigen Gefälles mit $611\frac{2}{3}$ Fuss senkrechter Höhe eintreten zu lassen.

Das noch übrige höher liegende Gefälle ($135\frac{7}{12}$ Fuss) ist für eine künftige grössere Leistung der Säulen-Maschinen reservirt, die alsdann erforderlich seyn wird, wenn eine fernere Abteufung des Richtschachtes die Mitwirkung dieser Maschinen auch für die Wasserhebung aus den Tiefbauen der Grube Silberseegen in Anspruch nimmt.

Die in den obersten Sammelkasten abgelassenen Tagewasser gelangen ferner im freien Falle durch $4\frac{1}{4}$ Zoll weite gusseiserne Röhren zu einem zweiten Behälter, passiren, nach geschehener Aufnahme der Rabenstollen-Wasser, eine abermalige, jedoch sorgfältigere Säuberung vermittelst feingelochter kupferner Seyherbleche, und werden dann endlich aus einem dritten Behälter den mit konischen Einmündungen versehenen Fallröhren zugeschlagen.

§. 2.

Beschaffenheit der Röhrensäulen, deren Verküttung und Auflagerung.

Die gusseisernen Einfallröhren haben, bei 6 Zoll innerem Durchmesser und 5 Fuss normaler Stücklänge, drei nach dem Niveau ihrer relativen Druckhöhe verschiedene

Wandstärken, nämlich $\frac{3}{4}$, 1 und $1\frac{1}{4}$ Zoll; die einzelnen Rohrstücke sind mit Scheibenrändern zur Verbindung mit vier Schraubenriegeln versehen.

Die Dichtung ihrer Wechsel geschieht vermittelst gelötheter Büchsen von Kupferblech, die auf der Mitte ihres äusseren Umfanges hervorgetriebene Rände haben, und in der Form einigermassen den eisernen Büchsen für Holzröhren ähnlich sind. Diese kupfernen Büchsen (auf der Zeichnung mit *c* bezeichnet) werden, unter der aufgetragenen Hülle eines geeigneten Küttes, zwischen den Röhrenwechseln eingesetzt und sammt der daran festhaftenden Verküttung bis auf den Rückstand einer angemessenen Fuge kräftig zusammengeschraubt.

Die Bestandtheile dieses Küttes sind wesentlich Kalkmehl — kohlensaurer Kalk gebrannt und an der Luft zerfallen — und Leinölfirniss, denen Fasern von zerhacktem Hanfe beigemengt werden. Vielfältig wiederholtes Durchschlagen und eine durch Uebung erlangte zweckmässige Behandlung beim Antragen und Einschliessen gegen diesem Kütte die erforderliche Eigenschaft, dergleichen Wechsel und Fugen mit genügender Sicherheit gegen sehr beträchtliche Wasser-Pressungen zu dichten. Eine derbe Consistenz, die dem anfänglichen Eindrucke mit der Hand kaum nachgiebt und erst durch die fortgesetzte Manipulation des Schlagens und Knetens milder wird, imgleichen ein gänzlicher Mangel an Klebrigkeit, sind entscheidende Kennzeichen der guten Qualität dieses Küttes; um eine solche zu erlangen, muss das Gerben und Durchkneten mehre Wochen lang, alle zwei bis drei Tage einmal, wiederholt werden.

Vor dem Einbau und Verkütten der Röhren ist die Dichtigkeit des Eisengusses vermittelst eines hydrostatischen Press-Apparates an jedem einzelnen Rohrstück geprüft worden. Solche Röhren, die, bei einer porösen Beschaffenheit des Roheisens, weniger als die einfache Pressung ihrer resp. Druckhöhen, ohne durchzulassen, verhalten haben, wurden zurückgelegt. Geringe Porositäten sind nicht selten durch Verrostung gehoben, und dergleichen Röhren gemeiniglich bei einer zweiten, späterhin nochmals wiederholten Pressungsprobe hinlänglich dicht und brauchbar befunden worden. Der grösste hydrostatische Druck, welcher hiesigen Orts mittelst der Presse an einigen der 6 Zoll weiten Röhren bei 1 und $1\frac{1}{4}$ Zoll Wandstärke und beiläufig auch an dem zuvor erwähnten Kütte versucht worden ist, hat 1186 Pfund auf den Quadratzoll (äquivalent dem Drucke von 92 Atmosphären oder einer Wassersäulen-Höhe von 3322 Fuss) erreicht, also 4 bis 5 Mal mehr betragen, als die einfache Sicherheit resp. bei der künftigen und jetzigen Gefäll-Benutzung erfordert.

Die Rohrstücke der Hinterwassersäule, imgleichen die der Pumpen-, Saug- und Steigröhre, haben, bei derselben Stücklänge von 5 Fuss, jene mit 6 Zoll Weite nur $\frac{3}{4}$ Zoll, und diese mit 7 Zoll lichter Weite $\frac{3}{4}$, 1 und $1\frac{1}{4}$ Zoll Wandstärke.

Einzelne Röhre des verschiedenen Sortiments haben auf der Mitte ihrer Länge besonders angegossene Scheibenrände, und sind dergleichen in dem Faden der Röhrensäulen so vertheilt, dass nur mässige Gewichte, 20 bis 40 Centner, auf jeder einzelnen Ablagerungsstelle zu tragen sind. Erwähnte Mittelrände ruhen jeder auf zwei hochkantig geformten gusseisernen Trägern und diese wieder auf zwei angemessenen Lagerstücken von Eichenholz. Letztere liegen mit ihren Enden grösstentheils in zugerichteten Brüsten des festen Gesteins; einige aber, in Ermangelung natürlich fester Schachtstösse, auf eingeschobenen oder abgesprengten Riegeln zwischen eingespannten eichenen Tragsäulen, denen die zunächst tiefer im festen Gesteine liegenden eichenen Tragstempel zu Stützpunkten dienen.

§. 3.

Ablösbare Muffen-Verbindung in den Röhren-Säulen.

Die lösbare Muffen-Verbindung in den verschiedenen Röhrensäulen besteht, wie aus Taf. VIII. A. ersichtlich ist, aus zwei gusseisernen Röhren, deren eines Ende mit vermehrter Wandstärke (2 Zoll dick) stumpf abgeschnitten, daselbst abgedreht und mit einer Stulp-Liederung besetzt ist.

Diese kolbenförmigen Stirn-Enden solcher Röhren werden in axenrechter Stellung und unter einem Abstande von etwa 11 Zoll durch einen übergeschobenen gemeinschaftlichen Cylinder verbunden. Der die Muffe bildende Cylinder von Kanonenmetall ist ausgebohrt und in seinen Henkeln mittelst zweier hakenförmigen Eisenstangen an einem Mittelrande der oberen Kuppelungs-Röhre aufgehängt.

Die stulpförmigen Lederringe (wie dergleichen auch an den Steuerkolben vorkommen) presst man einzeln aus einer in lauwarmem Wasser zuvor erweichten Lederscheibe in geeigneten Form-Modellen und befestigt solche, nach übrigens vollbrachter Zurichtung, mit Kopfschrauben unter der Auflage eines flachen metallenen Ringes in den dazu auf den Stirnflächen jener Röhrenkolben eingebohrten Schraubenlöchern.

Eine von der jetzt beschriebenen Construktion verschiedene Einrichtung ist an den Ablöse-Röhren der später erbauten zweiten Maschine ausgeführt, auf der Zeichnung aber, um Missverständnisse zu vermeiden, nicht dargestellt worden. Die Reaktion des hydraulischen Widders findet an der dem Wasserdrucke ausgesetzten Ringfläche, weil solche für den Besatz der zuerst angewendeten Stulp-Liederung füglich nicht unter 2 Zoll Breite betragen konnte, einen bedeutenden Widerstand, in dessen Folge unangenehme Erschütterungen des Röhren-Verbandes bei jedem Hubwechsel bemerkbar waren. Eine Verminderung jener, den Widderstössen exponirten Ringflächen bis aufs Maass der halben Breite (also statt 2 Zoll bis auf 1 Zoll Wandstärke) ist dergestalt bewerkstelligt, dass, statt der Stulpringe auf den Stirn-Enden, eine Riemen-Liederung seitwärts an der cylindrischen Umfläche der Röhrenkolben in rechteckigen, 5 Linien tief und 4 Linien breit eingedrehten Klassen angebracht worden ist. Der beabsichtigte Zweck ist damit genügend erreicht worden, obgleich die Conservation der zarteren Riemen-Liederung rathsamer Weise erheischte, Kanonenmetall auch zu den Röhrenkolben — jetzt in verkürzter Länge — anzuwenden, um dem Verrosten der Liederungsklassen zu entgehen, das beim Gusseisen zu besorgen stand.

§. 4.

Die Kolben der Treib- und Pump-Cylinder und deren Stopfbüchsen.

Die Kolben der Treib- und Pump-Cylinder sind mit einer hydrostatischen Riemen-Liederung versehen.

Der Kopf dieser Kolben besteht, nebst seiner Stange, aus einem massiven Gussstücke von Kanonenmetall. Es entspricht derselbe im äusseren Durchmesser, bis auf die geringe Fugen-Differenz von etwa $\frac{3}{4}$ Linien, der Bohrung der betreffenden Cylinder; er ist 12 Zoll hoch und enthält an seiner äusseren Umfläche zwei nach einem schwalbenschwanzförmigen Querschnitt 6 Linien tief ausgedrehte Klassen zur Aufnahme der Liederungs-Ringe, die gewöhnlich aus drei Streifen guten Rindleders zusammengenäht und, der Klassenform entsprechend, durch Nachdrehen genau justirt sind.

Derjenige Riemenring, welcher der Grundfläche des Kolbens zunächst liegt, empfängt den Wasserdruck durch eine kreisförmige Reihe zarter Löcher, die an jener inwendigen Kolbenfläche, in diagonaler Richtung gegen den Klassen-Querschnitt, eingebohrt sind; er bewirkt unter solchem Drucke schon für sich allein den Erfolg einer vollkommenen Abliederung.

Der andere Riemenring in der zweiten Klasse liegt einstweilen in Reserve und dient mehr zur Leitung des Kolbens, um das Schleifen der metallenen Umfläche am Innern der Cylinderwand zu verhüten.

Die Stopfbüchsen der genannten Kolbenstangen sind cylindrisch ausgebohrt und mit Ringscheiben von gefettetem Leder besetzt, dergestalt, dass solche breitliegend den Dichtungsraum genau erfüllen und, mittelst der Stopfbüchsen-Deckel, presshaft zusammengeschraubt werden können. In mittlerer Höhe dieser Lederstopfung befindet sich die schon oben im Abschnitt I. beschriebene metallene Einlage *n*, *n'* zum Dienst der Schmierpresse.

§. 5.

Besondere Construktion des mittleren Steuerwechselkolbens.

Die Construktion des mit *M* bezeichneten Steuerwechselkolbens bedarf nach einer besonderen Erläuterung insofern, als dessen Form für die Abstellung des, dem System der Wassersäulen-Maschinen höchst nachtheiligen, hydraulischen Widders von wichtiger Bedeutung ist.

Das Kugelgelenk dieses mittleren Kolbens, behufs seiner Stangen-Verbindung mit dem oberen Gegenkolben *O*, wird von einem metallenen Aufsatz gebildet, der zugleich als Deckel des Lederscheiben-Packwerks auf dem Kolbenkern mittelst Schrauben-Gewinde seine Befestigung findet. Dieser Aufsatz hat nicht allein sechs an seiner cylindrischen Umfläche ausgeschnittene Schlitze, die nach unterwärts keilförmig in ihrer Tiefe abnehmen, sondern wesentlich noch eine nach oben gerichtete kegelförmige Ausspitzung.

Befindet sich der Kolben *M* an seiner tiefsten Stelle und ist während dieser Stellung den Kraftwassern der wirksame Eintritt zum Treib-Cylinder geöffnet: so ragt jene Kegelspitze über die Höhe des ringförmig erweiterten Hals-Kanals noch hinaus und verengt daselbst schon um etwas den normalen Durchgangs-Querschnitt für die Treibwasser. Steigt aber der genannte Kolben *M* in Folge des Steuerhahnen-Wechsels aufwärts, so schliesst der aufgesetzte Kegel mehr und mehr die sperrbare Halsöffnung, während späterhin, wenn der cylindrische Theil des erwähnten Aufsatzes den oberen Rand jenes Hals-Kanals schon passirt ist, noch die seitwärts ausgeschnittenen Schlitze mit keilförmiger Abnahme einigen Durchgang für die Treibwasser gestatten, bis endlich auch deren Endschaft eingetreten ist und nachfolgend die eigentliche Liederung desselben Kolbens in der oberen Hälfte des mittleren Steuer-Cylinders deren ganzen Querschnitt verstopfend erfüllt hat.

Der Zweck einer allmäligen und stossfreien Absperrung ist hiermit, ungeachtet der sehr beträchtlichen Wassersäulen-Druckhöhe von 688 Fuss und einer bis zu 6 Fuss anwachsenden Wassergeschwindigkeit im Fallrohre, glücklich erreicht worden und selbst beim schnellsten Hubwechsel von 4 Spielen in der Minute keine Wirkung des Widders zu vernehmen.

Mit gleicher Allmäligkeit erfolgt, in entgegengesetzter Richtung des Steuerkolben-Laufes, die Oeffnung des Hals-Kanals.

Im Sinne desselben Princips war es rathsam, eine, wenn auch geringere, Konificirung des unteren massiven Theils am Wechselkolben *M* für den Abguss der Hinterwasser-Säule, von nur 80 Fuss Druckhöhe, zu ermitteln.

Mitwirkend an genanntem Zwecke ist die Stellbarkeit der Laufgeschwindigkeit der betreffenden Steuerkolben auf ein schickliches Minimum, sowohl im aufsteigenden als im niedergehenden Hubwege, mittelst der an den Leitröhren L und L' befindlichen Regulirhähne.

§. 6.

Bestandtheile der Liederung zu den drei Steuerkolben.

Die Liederung der drei Steuerkolben besteht: am mittleren Wechselkolben aus genau kalibrirten, in Fett getränkten Lederscheiben mit zwischengelegten, kreisförmig ausgefurchten Ringscheiben von Messingblech; an den beiden Gegenkolben ebenfalls aus dergleichen Lederscheiben, jedoch ohne Zwischenlage solcher Blechscheiben, dagegen aber mit dem Zusatz von aufgeschraubten Lederstulp-Ringen; die letzteren kommen hier als Reserve-Mittel erst zur Wirkung, wenn das Scheiben-Packwerk abgenutzt und undicht geworden ist.

Der solide Theil dieser Kolben bildet einen cylindrischen Kern mit vorspringendem Rande als Sitz-Axe für das Leder-Packwerk, dessen Zusammenschluss unter einem schraubbaren Deckel bewerkstelligt wird.

Die beim mittleren Steuerwechsel-Kolben erwähnten Messingblech-Scheiben bezwecken, vermöge der schneidigen Ausfurchung ihrer Breitenflächen, ein concentrisches Zusammenhalten der ein- und mehrfach dazwischen liegenden Lederscheiben, weil die letzteren beim Durchgange im Hals-Kanal leicht vordringen und an den Randkanten desselben eine Hemmung finden könnten.

§. 7.

Zubereitung der verschiedenen Liederungsmittel.

Für die Dauer und den guten Gebrauch der aus Leder bestehenden Liederungs-Theile ist das Eintränken einer schicklichen Fettmischung sehr förderlich.

Zu den Lederscheiben der Stopfbüchsen und Steuerkolben besteht dieselbe aus 1 Theil Unschlitt oder Talg, 1 Theil Schweinsfett und $\frac{1}{8}$ Theil Baumöl; zu den Stulpringen der Steuerkolben und Schiebe-Cylinder (letztere als Muffen in den lösbaren Röhren-Verbindungen) verdient eine Fett-Composition von Schweinsfett, Baumöl und Leinöl zu gleichen Theilen den Vorzug.

Man legt die zugerichteten Lederstücke etwa einen Tag lang in die lauwarm erhaltene flüssige Mischung, lässt solche von Zeit zu Zeit mit den Händen tüchtig durchwalken und demnächst bei gewöhnlicher Wärme austrocknen. Die Liederungs-Riemen der Treib- und Pumpkolben können nur auswendig durch ein mehrmals wiederholtes Ueberstreichen mit der zuerst erwähnten Mischung gefettet werden. Weil nämlich diese Riemen sofort beim Zusammennähen die Form von geschlossenen Ringen erhalten, so müssen solche zum Aufziehen in die betreffenden Kolbenklassen zuvor in lauwarmem Wasser erweicht und dehnbar gemacht werden. Eine gelinde Anwärmung des Kolbenkopfes durch aufgelegte glühende Kohlen bewirkt nachher die nöthige Austrocknung des Leders, wodurch nicht allein das gehörige Maass des normalen Anschlusses innerhalb der Kolbenklassen, sondern auch die Empfänglichkeit der Leder-Ringe zur Aufnahme des Fettes wieder hergestellt wird.

§. 8.

Erfahrungen über die angewendete Liederung.

In Folge des einfach wirkenden Princips ist der Treib-Cylinder am oberen Ende offen und für das Anbringen der Schmiere an seiner inwendigen Wandfläche zugänglich. Dieser Vortheil ist für die Conservation der Kolben-Liederung sehr wichtig. An der zuerst erbauten Maschine fand man nach einer $2\frac{1}{2}$jährigen Betriebszeit den Riemenring der unteren Klasse des Treibkolbens, welcher bis dahin den Effekt der Liederung allein bewirkt hatte, im besten Zustande; es ist derselbe nochmals auf $2\frac{1}{2}$ Jahre beibehalten und demnach überhaupt 5 Jahre lang gebraucht worden. Der obere Riemenring desselben Kolbens war unwirksam geblieben, dessen ungeachtet aber, vermuthlich durch das Abschieben der bei zufälligen Hubveränderungen gebildeten Ansätze von erhärteter Schmiere, mangelhaft geworden; seine Auswechselung ist auf späterhin, abermals nach $2\frac{1}{2}$ Jahren, erforderlich gewesen.

Die Pumpkolben-Liederung kann während des Maschinen-Betriebes keine Schmiere erhalten, weil dessen Cylinder am oberen Ende durch den Deckel mit der Stopfbüchse, und am unteren Ende mit einem Luft-Absperrungsrohr (R') verschlossen ist. Dieser Umstand verursacht hier eine zeitigere Auswechselung der Riemenringe, die, nach den bisherigen Erfahrungen, rathsamer Weise in Zeiträumen von 1 bis $1\frac{1}{2}$ Jahren vorzunehmen ist.

Die Liederung der drei Steuerkolben bedarf alljährlich nur zwei bis drei Mal einer Nachhülfe, indem zwischen dem Leder-Packwerke derselben nur einzelne Scheiben erneuert werden. Von den drei Steuer-Cylindern kann allein derjenige des oberen Gegenkolbens (O), nach vorheriger Lösung seines Schlussdeckels, mit Schmiere versehen werden.

An den Stopfbüchsen der Treib- und Pump-Cylinder tritt das Erforderniss einer solchen Nachbesserung des Gelieders nur selten ein, weil die Ausfettung derselben, vermöge der Schmierpressen, ohne Unterbrechung Statt findet.

Die Stulp-Liederung der Ablöse-Röhren zeigt nur dann und wann eine mangelhafte Dichtung, meistens in Folge entstandener Lederbrüche, welche bei der beständigen Lederpressung, ungeachtet der zarten Schlussfugen, vorgekommen sind.

An der zweiten Maschine hat die unter einer veränderten Construktion der betreffenden Ablöse-Röhren angewendete Riemen-Liederung (§. 2 dieses Abschn.) ähnliche Dichtigkeitsmängel bisher noch nicht bemerken lassen, und auch in dieser Hinsicht einen nützlichen Vortheil gegen die Stulp-Liederung der Röhren-Muffen an der ersten Maschine erwiesen.

§. 9.

Schmierpressen und deren Gebrauch.

Kleine metallene Pressstiefeln auf $9\frac{1}{4}$ Zoll Länge, $7\frac{3}{4}$ Linien weit gebohrt, sind mit einem nach Umständen verschiedentlich geformten Fussstücke und mit einem Stempelkolben versehen. Ein Jochstück auf der auswendigen Endspitze des Kolbenstieles trägt die mittelst zweier Drähte angehängten Press-Gewichte. Die Fussmündung dieser in senkrechter Stellung befestigten Schmierpressen befindet sich bei den Stopfbüchsen vor der äusseren Oeffnung eines eingebohrten Kanals, dessen Fortsetzung die im Pressstiefel eingebrachte Schmiere, unter dem fortwährenden Drucke des belasteten Kolbenstempels, bis an die ringförmige Einlage n, n' leitet. Im Pipengehäuse des Steuerhahnes h gelangt die Schmiere ähnlicherweise an den Hahnenwirbel, wo dieselbe durch eine zarte, nach der Länge des Kegels eingeschnittene Furche ihre Verbreitung findet.

Beim Herausziehen der Pressstempel, behufs einer wiederholten Füllung, verschliesst ein Ventilplättchen unter dem Fussende des Stiefels den Rückgang der Schmiere; auch ist der Kolbenstempel selbst nach seiner ganzen Axenlänge röhrenförmig durchbohrt und am unteren Ende ventilisirt, theils um beim Aufsetzen die über der Schmiere eingeschlossene Luft zu entfernen, theils aber um beim Herausziehen ein mögliches Zurücksaugen der bereits eingepressten Schmiere zu verhüten, wenn das zuvor erwähnte Fussventil zufällig seinen Dienst versagen sollte.

Die Bestandtheile der für den Betriebsunterhalt angewendeten Maschinen-Schmiere sind: Unschlitt, Schweinsfett und Baumöl; der Zusatz des letzteren ist verschieden, je nachdem die niedere oder höhere Luft- und Wasser-Temperatur eine mehre oder mindere Flüssigkeit der Schmiere erfordert.

§. 10.

Das Schachtgestänge zur Pumpe.

Die Enden der einzelnen Stangen haben einen $2\frac{1}{2}$ Zoll dicken und $4\frac{1}{2}$ Zoll breiten Kopf mit einer gebohrten Durchlochung, welche, wie gleichfalls die zweifache Lochung einer jeden Verbindungsschiene, genau dem 4 Zoll hohen, $1\frac{1}{8}$ Zoll dicken Querschnitte der Steckbolzen entspricht, dergestalt, dass diese Stangenschlösser eine ungelenkige, völlig steife Verbindung bewirken. Die hochkantig durchgesteckten Bolzen haben an dem einen Ende abgesetzte Vorsprünge, an dem anderen aber zwei Stecklöcher für Splettfedern zum Anschliessen.

Für den dauerhaften Bestand dieser Säulen-Maschinen ist die Haltbarkeit des Pumpen-Gestänges und der dadurch verbundenen Kolbenstangen eine der wichtigsten

Lebensbedingungen. Deshalb musste nicht allein das Maass einer gesicherten Stärke aller Theile dieser Verbindung, sondern auch die weitere Vorkehrung gegen das mögliche Entstehen nachtheiliger Brüche und eintretenden Falls für die Beschränkung einer solchen Gefahr mit genügender Sorgfalt in Ueberlegung gezogen werden.

Weil die vorwaltende Kraftanstrengung der genannten Theile im Zuge Statt findet, so wird dabei hauptsächlich und vortheilhafter Weise die absolute Festigkeit der angewendeten Materialien in Anspruch genommen. Die Querschnitte der Treib-Kolbenstangen entsprechen an der schwächsten Stelle, namentlich in dem Schrauben-Gewinde ihres Muffen-Verbandes, einer 9 bis 10fachen Grösse der für das von dichtem Guss erfolgenden Kanonenmetall (zu 24,000 Pfund pro Quadratzoll) präsumirten Festigkeit. Das Schmiede-Eisen zu den Gestängtheilen ist von ausgewähltem gaaren Roheisen mittelst der sogenannten Klump-Frisch-Methode erzeugt, und ohne Ausnahme nach einer mehrfachen Verschweissung der zuvor geprüften Plettinen modellrecht ausgeschmiedet worden. Die Bolzenlöcher der Schlossverbindung sind kalt gebohrt und demnächst mittelst Meissel und Feile auf die gewählte Form justirt worden. Die breiten Seitenflächen der Stangenköpfe und der denselben angelegten Schlossschienen sind genau abgerichtet und im dichtesten Anschluss zusammengefügt.

An keinem Theile dieser Stangen-Verbindung ist der Querschnitt höher als auf $\frac{1}{6}$ der nur zu 53,000 Pfund auf den Quadratzoll angenommenen absoluten Festigkeit des Schmiede-Eisens berechnet; vielmehr noch ist jener Festigkeits-Quotient an den Riegeln, welche die gusseisernen Pfannen der Kugel-Gewinde verbinden (Abschn. I. und die Zeichnung *K*) bis auf $\frac{1}{12}$ herabgesetzt worden. Die Erfahrung hat nun allerdings die zuletzt erwähnte Vorsicht, welche sich auf die Erwartung eines getheilten oder abnormen Angriffs dieser Riegelstangen gründete, gerechtfertigt, indem zu wiederholten Malen einzelne derselben wegen entstandener Brüche in den Schrauben-Enden ausgewechselt werden mussten. Der Wiederkehr einer solchen Bruchfälligkeit ist hoffentlich dadurch begegnet, dass man den Schraubenmuttern eine nachgiebige Vorlage von Lederscheiben, die zunächst mit einer adjustirten Stossplatte bedeckt sind, gegeben hat.

Zur Begränzung des Hubweges, welchen der Treibkolben zu beschreiben hat, dienen zwei Bleiringe (*i* und *q*), deren Bestimmung im Abschnitt I. bereits angedeutet worden ist. Die innere Weite dieser Ringe ist etwas grösser als der Durchmesser der Kolbenstange; die Form ihres vertikalen Querschnittes nähert sich einer an den Enden der langen Axe etwas verschärften Ellipse. Erfolgt bei einer Ueberschreitung der normalen Hublänge ein Aufsetzen des Kolbenkopfes oder ein Unterfassen der Schraubenmuffe (*m*), so verwirkt sich der Anstoss durch die Abplattung der schneidig geformten Kanten dieser Bleiringe. Es sind ferner einzelne Schlösser des eisernen Pumpen-Gestänges mit besonders langen Steckbolzen versehen, die, bei hinlänglicher Querstärke und vermöge ihres Ueberstandes zu beiden Seiten, als Fangriegel benutzt werden können. Diese Fangriegel finden, in angemessener Vertheilung, ihren Widerstand auf starken Holzfedern, die, im Verbande mit sorgfältig eingebrüsteten Querlagern, sofort, und zwar etwas zeitiger als die oben erwähnten Bleiringe, einen Angriff erleiden, wenn der Normalhub des Treibkolbens, sey es in der Aufsteigung oder im Niedergange, überschritten wird. Weil nach Wahrscheinlichkeit der Umstände die Haltbarkeit der metallenen Kolbenstangen weniger gefährdet ist als die des eisernen Schachtgestänges, so wird unglücklichen Falls ein Bruch in dem letzteren seine zerstörende Wirkung zunächst an den Holzfedern der Fanglager ausüben und erst später den Widerstand des Bleiringes (g) unter dem Treib-Cylinder oder des hölzernen Einsatzringes (s) im Pump-Cylinder in Anspruch nehmen.

Um übrigens das eiserne Gestänge in seiner Hubbewegung gegen Vibration und Drehung zu sichern, hat man demselben die erforderliche Leitung gegeben; es sind nämlich in gleichmässiger Vertheilung etwa 6 der 10 Fuss langen Mittelstangen mit zweitheiligen Querlagern umschlossen, deren quadratische Durchlochung mit wenigem Spielraum und ohne merkliche Seiten-Reibung jene Führung im einfachsten Wege vermittelt.

§. 11.

Beschaffenheit der Pumpen-Ventile.

Die Ventile (v und v') der Pumpe haben, wie aus der Zeichnung zu ersehen ist, die Gestalt flacher kegelförmiger Näpfe, deren Leitungsstiele nach oben gerichtet sind, um die Oeffnung ihres Wasserzuges, bei 6 Zoll lichtem Durchmesser, völlig frei zu erhalten. Jeder Leitungsstiel findet seine centrale Führung im Kreuzpunkte zweier Stege, die mittelst eines angemessenen Ringes, dessen auswendige cylindrische Umfläche Schrauben-Gewinde enthält, auf der oberen flachen Seite des betreffenden Ventilsitzes axenrecht eingeschraubt werden können. Sämmtliche Ventil-Theile bestehen, in genauer Arbeit, aus Kanonenmetall. Die Ventilsitze sind unterhalb ihrer Durchgangs-Oeffnung mit trichterförmigen Ansätzen nach der Gestalt des zusammengezogenen Strahles versehen, und die Randscheiben derselben zwischen den benachbarten gusseisernen Theilen durch Verküttung eingedichtet.

Schwimmende und andere den Ventilschluss hindernde Körper, welche die Grundwasser zufällig herbeiführen, werden von dem Eintritt zur Saugröhre durch ein kupfernes Seyherblech abgehalten, das vor der Schütz-Oeffnung (*t*) des Wasserkastens angebracht und dem Wärter behufs einer öfteren Säuberung zugänglich ist.

§. 12.
Verwendetes Metallwerk zu den Maschinentheilen.

Diejenigen Haupt- und Nebentheile der hiesigen Säulen-Maschinen, welche einer mechanisch genauen Bearbeitung oder zum Theil auch einer rathsamen Sicherstellung gegen Dichtigkeitsmängel und leichtere Zerstörbarkeit durch Oxydation bedurften, sind von Kanonenmetall gegossen. Die Composition dieses Metalles besteht, nach Procenten, aus 89 Kupfer, $5\frac{1}{2}$ Zinn und $5\frac{1}{2}$ Zink.

Theile dieser Art sind:

die Treib-Cylinder (jeder derselben 32 Ctr. schwer), deren Kolben sammt Stange in einem massiven Gussstück (à 11 Ctr.);
die Bodenstücke mit den Stopfbüchsen;
die Verbindungsmuffen der Schachtgestänge und die Steuerscheiben;
die drei Steuerungs-Cylinder mit ihren Kolben;
die Sperrungsröhren nebst deren Stellscheiben und gezahnten Bogenstücken, ausschliesslich der Axen und vorgelegten Schrauben, so von Stahl;
die Steuerwasser-Leitröhren und Hahnengehäuse, mit Ausnahme des aus hartem Glockenmetall bestehenden Hahnenwirbels;
die Pumpen-Cylinder (à 24 Ctr.);
deren Kolben mit Stange (à 10 Ctr.) und ihren Verbindungsmuffen;
beiderlei Ventile mit ihren Spitzen und Leitungen;
die Schmierpress-Apparate an den Stopfbüchsen und Steuerungshähnen, und endlich

die zur Abgliederung des Röhrenwerkes vorhandenen Ablöse-Cylinder.

Das ganze Gewicht aller Theile von Kanonenmetall an jeder einzelnen Maschine beträgt = 140 Centner. Die Fugendichtung solcher Maschinenstücke, deren Stossflächen mechanisch genau bearbeitet, nämlich abgedreht oder mit der Feile justirt sind, besteht aus Ringscheiben von gewalztem Blei mit Schmierwachs überzogen; das letztere ist eine Composition aus 83 Procent schwarzem Pech und 15 Procent Unschlitt, die erst vor dem Gebrauch in mässiger Wärme noch einen Zusatz von etwa 2 Procent Terpentin erhält, und an den vorgewärmten Flächen der zu verbindenden Theile mit einem Pinsel aufgetragen wird.

Behufs eines vollkommeneren Anschlusses dieser Dichtung sind die betreffenden Stossflächen in der nöthigen Breite geriefelt worden.

An Gusseisen ist zu einer jeden der erbauten zwei Maschinen verwendet:

in den Lager- und Fundament-Stücken	280	Centner,
in besonderen Maschinentheilen . .	46	«
zu dem gesammten Röhrenwerke . .	959	«
überhaupt	1285	Centner.

An Schmiede-Eisen:

zum Schacht-Pumpengestänge . . .	70	Centner,
zu Schraubenriegeln, Ankern und sonstigen Verbindungsstücken . . .	40	«
	110	Centner.

Uebrigens noch für jede Maschine:

etwa $5\frac{1}{2}$ Centner an Kupferblech zu Röhrenbüchsen, Seyhern und Abgussbecken, und

etwa 13 Centner Blei in Gussstücken zu Gewichten für die Schmierpressen, zu Kolben-Schlagringen, zum Fugen-Verguss der Fundamente, zu Dichtungsplatten und dergleichen.

§. 13.

Vorkehrungen zur anfänglichen Ingangsetzung der Maschine.

Es sind Einrichtungen getroffen, vor dem Ingangsetzen der Maschinen ihre inneren Räume mit Betriebswasser zu füllen. Hinsichtlich der Einfallröhre kann eine Füllung unmittelbar durch den Einschlag der Wasser aus dem Einmündungs-Behälter erfolgen, wenn die stellbare Schützstange, deren konisch geformter Zapfen die entsprechende Röhren-Oeffnung verschliesst, aufgezogen wird. Man beginnt diese Operation nur mit einem beschränkten Wasserzuschlage, um der Luft, welche von dem einfallenden Wasser anfangs mit fortgerissen, nachher aber, bei erlangter Compression, unter einem tobenden Geräusch nach oben wieder zurückgetrieben wird, einen Ausweg zu vermitteln. Zur Beförderung des Luftabzuges ist der oberste, aus einem kurzen Holzstücke bestehende Röhrenaufsatz des Fallwerkes mit mehren in der Wand schräg abwärts eingebohrten Löchern versehen, die für den vorliegenden Zweck geöffnet, nachher aber durch Spundpflöcke wieder verschlossen werden können. Am Fusse der Fallröhre gebraucht man den bei l eingeschraubten Hahn, um Luftblasen, die sich daselbst ansammeln und den regelmässigen Gang der Maschine merkbar beeinträchtigen, entweichen zu lassen.

Mittelbar durch die Fallröhre E lässt sich ferner auch die Füllung der Hinterröhre H und der Steigröhre S bewerkstelligen, indem man aus der ersten die erforderlichen Wasser durch einen nahe über dem Abguss-Niveau (zum Tiefen Georgstollen) angebrachten Hahn abzapft und vermittelst eines biegsamen Bleirohrs den Röhrensäulen *H* und *S* zuführt.

Etwas umständlicher erlangt man, erst durch das Spiel der Maschine selbst, eine Luftentleerung der Saugröhre *R* folgendermassen: In der oberen Thürenplatte des Ventilbehälters *V* befindet sich ein Hahn (s. Zeichnung), dessen Ausfluss-Oeffnung mit einem vorzuschraubenden Bleirohr versehen werden kann; in der unteren Thürplatte, imgleichen in der cylindrischen Wand des Ventilbehälters, sind überhaupt zwei Schraubenlöcher eingebohrt. Das erste dieser Löcher ist mit einer massiven, das zweite, beiläufig in etwas höherem Niveau (nahe unter dem Steigventil v'), angesetzte Loch aber mit einer zum Theil hohlen Kopfschraube verschlossen. Beiderlei Schrauben sind auf der Zeichnung nicht angegeben.

Weil der Pumpkolben vor dem Anhub seine tiefste Stellung einnimmt, so füllt man zunächst den Pump-Cylinder *P* aus der Steigröhre *S* mittelst des erwähnten Zapfhahnes durch Einlenkung seiner Bleiröhre in das jetzt geöffnete untere Schraubenloch und schliesst dieses, sobald die Füllung vollbracht ist.

Während so die Füllung Statt findet, ist zugleich die hohle Schraube in der Halswand des Ventilbehälters so weit aufgeschraubt, dass eine unter ihrem Kopfe eingebohrte Seiten-Oeffnung frei wird, damit aus dieser diejenige Luft entweichen kann, welche durch das einströmende Zapfwasser aus dem Cylinder-Raume vertrieben wird.

Mit dem Niedergange des Pumpkolbens erfolgt nun auch die Luft-Entleerung der an ihrer Fuss-Mündung von den Grundwassern abgesperrten Saugröhre *R*, indem das hierin eingeschlossene Luftmittel zunächst durch das Saugventil in den Pump-Cylinder gelangt und dann beim wieder aufsteigenden Kolbenhube durch die abermals geöffnete hohle Kopfschraube gleichfalls ihren Ausweg findet.

Weil die bei vorfallenden Reparaturen nöthigen Wasser-Entleerungen aus der Fall- und Hinter-Röhre und den damit communicirenden Maschinen-Räumen, rücksichtlich ihrer Stellung unter der Stollensohle, füglich nur auf die tiefer liegende Wasserstrecke abgelassen werden können, so ist, um Unsauberkeiten zu verhüten, dafür gesorgt worden, dass ein gusseiserner, $3\frac{1}{4}$ Zoll weiter Röhrenstrang diese niederfallenden Wasser aufnehmen und in den Grundwasserkasten der Pumpe abführen kann.

Abschnitt III.

Dynamische Verhältnisse des Maschinen-Systems.

§. 1.

Allgemeine Uebersicht der angeordneten Bestimmungen.

Zur allgemeinen Uebersicht dieser Verhältnisse dient vorläufig die folgende Zusammenstellung:

Nur in den Fällen, wo eine Maass-Verschiedenheit bei der später erbauten zweiten Maschine Statt findet, sind deren Grössen besonders angegeben; in allen übrigen Positionen gelten die angesetzten Zahlenwerthe für beide Maschinen übereinstimmend.

1) Freie Druckfläche des Treibkolbens
1,2885 Quadratfuss.

2) dito des Pumpkolbens
der 1sten Maschine . . 1,3405 «
« 2ten « . . 1,4940 «

3) Normale Hublänge beider Kolben . . . . 6 Fuss.

4) Durchmesser im Lichten:

	Fuss	Zoll	Linien
a. des Treib-Cylinders	1 Fuss	4 Zoll	6 Linien.
b. des Pump-Cylinders			
der 1sten Maschine	1 «	4 «	$7\frac{3}{8}$ «
« 2ten «	1 «	5 «	$6\frac{1}{4}$ «
c. der Einfall- und Hinter-röhre	— «	6 «	— «
d. « Steigröhre . .	— «	7 «	— «
e. « Saugröhren			
in der unteren Länge	1 «	2 «	— «
« « oberen «	— «	7 «	— «

5) Am Steuerungs-Apparate, Durchmesser:

	Fuss	Zoll	Linien
a. des mittleren (Wechsel-) Kolbens .	— «	6 «	0,432 «
b. « oberen Gegenkolbens . . .	— «	4 «	1,612 «
c. « unteren Gegenkolbens . . .	— «	5 «	9,666 «

d. die Wegeslänge, welche die genannten drei Steuerkolben sowohl im Auf- als Niedergange zu durchlaufen haben . $16\frac{1}{4}$ Zoll.

6) Vom Schachtgestänge mit Zubehör:

a. ganze Baulänge desselben, von der Unterfläche des Treibkolbens bis zur Oberfläche des Pumpkolbens . . . . 271 Fuss 2 Zoll.

b. Stärken der metallenen Kolbenstangen:
im Treib-Cylinder . . . . . . 6 Zoll.
im Pump-Cylinder
der 1sten Maschine . . . $5\frac{1}{2}$ «
« 2ten « . . . $5\frac{3}{4}$ «

c. Stärke der geschmiedeten Theile des Pumpengestänges im eigentlichen Stangenmittel $2\frac{1}{2}$ Zoll ins Gevierte.

7) Die gegenwärtig benutzte Fallhöhe, vom Rabenstollen bis zum Tiefen Georgstollen . . . 611⅔ Fuss.

Die ganze disponible Fallhöhe, welche im genannten Richtschacht vorhanden und erforderlichen Falls zu einem erweiterten Pumpenbetriebe nutzbar ist, beträgt 747 Fuss.

8) Wirkliche hydrostatische Druckhöhe der Kraftsäule unter dem Treibkolben wirkend, weil dessen Cylinder in 76⅓ Fuss Tiefe unter der Georgstollen-Sohle eingebaut ist,

gegenwärtig 688 Fuss.
und möglicher Weise künftig 823⅓ «

Diese Druckhöhen entsprechen der Pressung von resp. 19,11 und 22,87 Atmosphären.

9) Nöthige Aufschlagewasser-Menge — in Cubikfussen — bei 6 Fuss normaler Hublänge:

a. zu 1 Kolbenspiele

im Treib-Cylinder	7,7310.
zur Steuerung	0,2491.
überhaupt	7,9801.

b. zur präsumirten grössten Leistung von 4 Kolbenspielen pro Minute:

im Treib-Cylinder	30,9240.
zur Steuerung	0,9964.
überhaupt	31,9204.

10) Hydrostatische Höhe der Hinterwasser-Säule, welche als hydraulischer Balancier für das Schachtgestänge benutzt wird, einschliesslich der Abgusshöhe von 3⅔ Fuss 80 Fuss.

11) Absolutes Gewicht des ganzen Schachtgestänges, mit Einschluss der beiden Kolben . . . 10398 Pfund, entsprechend dem Drucke einer Wassersäule von 156 Fuss Höhe über der Fläche des Treibkolbens.

12) Von jenem Ballast-Gewicht werden im Nutz-Effekt der Maschine beiläufig verwendet:

zu Ueberwindung der Pumpen - Sauglast höchstens 2150 Pfund;

es bleiben demnach 10398 — 2150 = 8248 Pfund Gestänglast für den Aushub der Hinterwasser — aus dem Treib-Cylinder bis zum Tiefen Georgstollen — in Wirksamkeit, deren Effekt mit dem einer hydrostatischen Kraftsäule von $122\frac{1}{4}$ Fuss Höhe über der Treibkolben-Fläche zu vergleichen ist. Die Bewegung der Hinterwasser-Säule erfolgt demnach unter einem Wirkungsgrade von $\frac{80}{122\frac{1}{4}}$ = 65 Procent.

13) Ganze hydrostatische Lasthöhe der vereinbarten Saug- und Hebe-Pumpe — von der Tiefen Wasserstrekken-Sohle bis zum Abguss-Niveau auf dem Tiefen Georgstollen — . . . . 361 Fuss.

Von dieser ganzen Lasthöhe fördert die Pumpe:

im Niedergange des Schachtgestänges durch die Saugröhre $16\frac{7}{12}$ Fuss, und

im Aufgange desselben durch die Steigröhre $344\frac{5}{12}$ Fuss hoch.

14) Der mathematische Aushub der Pumpe liefert, bei der unter 3 angegebenen normalen Hublänge von 6 Fuss, in Cubikfussen:

a. mit jedem Kolbenspiele

von der 1sten Maschine . . . 8,0430.

« « 2ten « . . . 8,9640.

b. in der präsumirten grössten Leistung mit 4 Spielen pro Minute:

von der 1sten Maschine . . . 32,1720.

« « 2ten « . . . 35,8560.

15) Der mathematische Nutz-Effekt folgt aus den Positionen 7, 9, 13 und 14, und es ergiebt die Vergleichung des Last- und Kraftwerthes einen Wirkungsgrad

$$\text{an der 1sten Maschine} = \frac{361' \;.\; 8{,}0430\square'}{611\tfrac{2}{3}' \;.\; 7{,}9801\square'} = 59{,}484 \text{ Procent;}$$

$$\text{« « 2ten «} = \frac{361' \;.\; 8{,}9640\square'}{611\tfrac{2}{3}' \;.\; 7{,}9801\square'} = 66{,}295 \text{ Procent}$$

des aufgewendeten Kraftwerthes, wenn der Wasserverlust durch Liederung und Ventilschlag unbeachtet bleibt.

16) Die Steuerkraft, nämlich die Grösse der Wasserpressung, durch welche das System der an einer gemeinschaftlichen Axe befindlichen drei Steuerkolben abwechselnd auf- und niederwärts bewegt wird, ist für einen raschen Gang der Steuerung, bei 4 (bis 5) Zoll Kolben-Geschwindigkeit pro Sekunde, im mittleren Werthe gutachtlich auf 2200 Pfund veranschlagt.

§. 2.

Darstellung des berechneten Kraft- und Lastwerthes.

Die vorstehenden Bestimmungen gründen sich auf eine sorgfältige Berechnung aller mechanischen Verhältnisse, welche bei dem Entwurf des Bauplanes, unter Berücksichtigung örtlicher Neben-Umstände, in Betracht zu stellen waren. Es ist dabei die Hub-Geschwindigkeit der Kolben im Auf- und Niedergange gleichgestellt und angenommen worden, dass die Stillstands-Pause in jedem Wechsel des normalen Kolbenhubes nur 1 Sekunde Zeit erfordern werde.

Nach den Ausmessungen, welche — die 1ste Maschine betreffend — im Obigen verzeichnet sind, ergab die ausgeführte Berechnung für den Zustand der verschiedenen Wirkungs-Verhältnisse die folgenden Resultate:

I. Kraftwerth dieser Maschine, ausgedrückt in Wassersäulen über der freien Druckfläche ihres Treibkolbens.

1) Hydrostatische Druckhöhe der Kraftwasser-Säule im tiefsten Kolbenstande (§. 1. Nr. 8) 688 Fuss.

2) Die Widerstandshöhen in Fussen, welche auf Nebenlast und Bewegungs-Hindernisse in Abzug kommen, sind berechnet nach Verschiedenheit der Umgangs-Geschwindigkeit pro Minute

	von 4 Spielen	u. 1 Spiele
für das Gleichgewicht des Schachtgestänges und der damit verbundenen Kolben	156,0000	156,0000
für hydraulische Hindernisse in der Fallröhre und den übrigen Maschinen - Räumen, durch Contraktionen . . .	16,4850	0,8243
für dergleichen durch Krümmungen	9,3537	0,4676
für dergleichen durch Klebrigkeit	24,6400	1,2320
für den mechanischen Widerstand wegen der zu bewegenden Trägheits-Massen	40,7920	2,0396
für Kolben- und Stopfbüchsen-Reibung	16,9546	16,9546
Sämmtliche Widerstandshöhen überhaupt resp.	264,2253	177,5181
Nach Abzug derselben verbleibt als effektive Krafthöhe .	423,7747	510,4819

Das Produkt dieser Krafthöhe mit der exponirten Druckfläche des Treibkolbens ergiebt den reinen Kraftwerth, welcher nach Abzug aller Hindernisse und Nebenlast im aufsteigenden Hube wirksam ist. Es entspricht derselbe dem absoluten Gewicht einer Wassersäule

a. bei 4 Spielen pro Minute,

von 423,7747 Fuss × 1,2885 Quadratfuss = 546,03 Cubikfuss Inhalt à 51,73 Pfund

= 28246 Pfund;

b. bei 1 Spiele pro Minute,

von 510,4819 Fuss × 1,2885 Quadratfuss = 657,76 Cubikfuss

= 34025 Pfund.

Die zur Rechnung bedungene normale Geschwindigkeit, resp. bei 4 und 1 Umgangsspiele:

a. des Treibkolbens

= 0,9213 und 0,2069 Fuss;

b. des Wasserzuges in der Einfall- und Hinter-Röhre (beide 6 Zoll weit)

= 6,0576 und 1,3577 Fuss;

c. des Wasserzuges in der Saug- und Steig-Röhre, bei 7 Zoll Durchmesser

= 4,6302 und 1,0378 Fuss (pro Sekunde).

II. Der Lastwerth, welchen die Maschine zu beschaffen hat,

zerfällt, in Folge des durch die Einrichtung der Pumpe bedingten Systems, in zwei verschiedene, nicht gleichzeitige Leistungen. Im aufsteigenden Hube bewirkt der Treibkolben die Hebung der über dem Saugventil abgesperrten Grundwasser nur im Steigrohre, während beim Niedergange des Gestänges das Ansaugen dieser Wassermenge erfolgen muss, um den Pump-Cylinder bis zum Steigventil zu füllen. Die zuerst genannte Leistung der Pumpe als Hubsatz steht in unmittelbarer Beziehung zu dem oben ermittelten reinen Kraftwerthe; die andere, in der Eigenschaft eines Saugsatzes, kann aber nur mittelbar, rücksichtlich der Gestänglast, als eine Nebenfunktion der Maschine in Betracht kommen.

a. **Lastwerth der Pumpe als Hubsatz**, ausgedrückt in Wassersäulen-Höhen über der freien Druckfläche des Pumpkolbens.

1) Hydrostatische Lasthöhe der Steigröhre, im tiefsten Hubstande der Kolben,

= 350,4160 Fuss.

2) Widerstandshöhen — in Fussen — wegen der Bewegungs-Hindernisse und Nebenlast

	resp. bei 4 Spielen u. 1 Spiele in der Minute	
auf hydraulische Hindernisse durch Contraktionen	8,5003	0,4250
auf dergleichen durch Krümmungen	1,9445	0,0972
auf dergleichen durch Klebrigkeit .	6,2166	0,3108
auf Ueberwindung der Trägheit .	14,2424	0,7122
auf Kolben- und Stopfbüchsen-Reibung	7,8141	7,8141
auf die beiläufig durch die Luft-Absperrungsröhre (R' s. Abschn. I.) verursachte Sauglast	11,8333	10,6458
Sämmtliche Widerstandshöhen überhaupt resp.	50,5512	20,0051

Nach Hinzurechnung dieser ganzen Widerstandshöhen ergiebt sich die wirkliche Lasthöhe im Zustande der Bewegung

resp. zu 400,9678 und 370,4217
bei 4 Spielen und 1 Spiele
in der Minute.

Der ganze Lastwerth im aufsteigenden Hube beträgt demnach, auf das Wassergewicht reducirt:

bei 4 Spielen pro Minute,

400,9678 Fuss × 1,3405 Quadratfuss = 537,50 Cubikfuss à 51,73

= 27804 Pfund und

bei 1 Spiele in gleicher Zeit,
370,4217 Fuss × 1,3405 Quadratfuss = 496,55 Cubikfuss à 51,73

= 25686 Pfund.

b. Lastwerth der Pumpe als Saugsatz.

Es beträgt die hydrostatische Lasthöhe der Saugröhre, von der Sohle der Tiefen Wasserstrecke bis zur Halsmündung am Pump-Cylinder

= 16,5833 Fuss,

dazu die Widerstandshöhen bei 4 Kolbenspielen in der Minute:

3,1432 Fuss auf hydraulische Hindernisse,
2,9118 « « Trägheits- und Ventil-Widerstand, und bis
7,8141 « « Kolben-Reibung; überhaupt

13,8691 Fuss;

mithin die ganze Höhe der Sauglast über der Fläche des Pumpkolbens höchstens 31,0000 Fuss, selbst wenn der Reibungs-Widerstand nach der eingetretenen Hubwechsel-Pause noch zu dem vorhinnigen Betrage sub a angenommen werden könnte.

Das Maximum dieser Sauglast-Höhe bleibt noch mit 36 — 31 = 5 Fuss unter der auf Wasser reducirten Barometerhöhe und entspricht, als Wassersäule über der Pumpkolbenfläche, einer Gewichtsgrösse von 31 Fuss × 1,3405 Quadratfuss = 41,56 Cubikfuss à 51,73 = 2150 Pfund.

§. 3.

Besondere Umstände und Ansichten, welche bei der dynamischen Anordnung von Einfluss waren.

Zur Ausführung jener speciellen hydrodynamischen Berechnung der Wirkungs-Verhältnisse war es nöthig, gewisse Vorbedingungen zu ermitteln, welche nur aus dem Urtheil über praktische Anstelligkeit hervorgehen konnten. Bestimmungen dieser Kathegorie betrafen das Kaliber des Treib-Cylinders, dessen Hublänge und Kolbengeschwindigkeit, und davon abhängig die Weite des Röhrensystems. Die Grösse des Pumpkolbens resultirte mittelbar aus der gutachtlichen Annahme eines, den sicheren Erfolg verbürgenden Wirkungsgrades; der Erbauer präsumirte den letzteren nur zu 60 Procent. Die Einfachheit des projektirten Maschinensystems liess, abgesehen von sonstigen Modifikationen, unbedenklich ein viel höheres Ausbringen allein schon durch die Erweiterung der Röhren-Querschnitte erwarten, wenn nicht gewisse Construktions-Vortheile bei der freien Disposition über ein sehr beträchtliches Gefälle jene Ermässigung des relativen Nutz-Effekts wünschenswerth gemacht hätten.

Vergleicht man die im §. 2 verzeichneten Rechnungs-Resultate nach ihren gegenseitigen Beziehungen, so findet man, bei der präsumirten grössten Umgangsgeschwindigkeit von 4 Kolbenspielen pro Minute:

den Kraftwerth

= 546,03 Cubikfuss Wasser = 28246 Pfund Gewicht

und den hierauf bezüglichen Lastwerth

nur

= 537,50 Cubikfuss Wasser = 27804 Pfund Gewicht;

mithin noch einen Kraft-Ueberschuss

= 8,53 Cubikfuss Wasser = 442 Pfund Gewicht

nachgewiesen, der an und für sich schon die Erweiterung der Pumpkolbenfläche

von 1,3405 auf 1,3618 Quadratfuss

motiviren konnte.

Dieser Zustand und die Erwägung, dass die hauptsächlich nach den Eytelweinschen Lehrsätzen berechneten Widerstandsgrössen im hiesigen Anwendungsfalle reichlich genommen waren, bestimmten den Erbauer, das Pumpen-Kaliber der später errichteten 2ten Säulen-Maschine zu vergrössern, und dessen Kolbenfläche (vergl. §. 1. pos. 2 dieses Abschnittes) auf 1,4940 Quadratfuss anzuordnen. Wenn nun in Folge dieser Zulage bei der 2ten Maschine auch ein höherer Wirkungsgrad, 66,295 statt 59,484 Procent (§. 1. Nr. 15 dieses Abschnittes) unmittelbar projektirt werden konnte: so ist nichts desto weniger die Ueberkraft der ersten Säulen-Maschine einer künftigen Ausnutzung vorbehalten, indem es Absicht ist, die Wirksamkeit derselben auch noch auf den Nebenbetrieb von Hülfs-Pumpen mit zu erstrecken, wenn die fortzusetzende Abteufung des Schachtes eine Vermehrung der jetzigen Fallhöhe in Anspruch nehmen wird.

Eine andere Vergleichung mag das Wirkungs-Verhältniss in Betracht ziehen, welches bei einer beschränkten Umgangs-Geschwindigkeit der berechneten Maschine Statt finden wird. Beispielsweise sind deshalb im §. 2 die projektirten Erfolge auch von nur 1 Kolbenspiele in einer Minute Betriebszeit mitgetheilt worden.

Der Kraftwerth effektuirt alsdann, nach Abzug einer viel geringeren Hindernisslast, eine Grösse von 510,4819 Fuss × 1,2885 Quadratfuss = 657,76 Cubikfuss à 51,73

= 34025 Pfund,

während der Lastwerth im gleichzeitigen Anhube, alle Hindernisslast mit einbegriffen, nur den Betrag von 370,4217 Fuss × 1,3405 Quadratfuss = 496,55 Cubikfuss à 51,73 = 25686 Pfund erreicht.

Es entsteht demnach ein beträchtlicher Kraft-Ueberschuss von 161,21 Cubikfuss = 8339 Pfund Wassergewicht, der, wie es die Eigenthümlichkeit des Wassersäulen-Princips mit sich bringt, im kürzesten Wege durch eine hinlänglich vermehrte Contraktion am Fusse des Fallrohres, hier mittelst der Sperrscheiben (k und k'), vernichtet werden kann. Dasselbe Hülfsmittel der Kraft-Ermässigung war auch im Hinterrohre des Wasser-Belanciers (k'') erforderlich, um die von der Ueberwucht des Schachtgestänges erzeugte Geschwindigkeit des niedergehenden Treibkolbens nach Belieben zu reguliren.

Diese im Gewicht des Schachtgestänges nebst Zubehör vorhandene Ueberwucht überschreitet den wirklichen Kraftbedarf, welcher für den Aushub der Hinterwasser in der präsumirten grössten Umgangs-Geschwindigkeit berechnet war. Der Effekt jenes Ballast-Gewichtes hätte, bei der Einfachheit seines Mechanismus, mit aller Sicherheit einen Wirkungsgrad von 84 statt 65 Procent gewähren können; auch wäre es stattnehmig gewesen, die Mitwirkung der unter dem Pumpkolben — vermöge der Luftsperrungs-Röhre R' — hängenden Wassersäule zur Verminderung desjenigen Aequivalents in Anschlag zu stellen, welches von dem Gewicht der Kolben und des Schachtgestänges zum Ansaugen der Grundwasser reservirt worden ist.

Beide Rücksichten zusammen genommen würden eine Erhöhung der Hinterwassersäule von 80 bis auf 114 Fuss gerechtfertigt und damit, bei einer unveränderten Gefäll-Nutzung von $611\frac{2}{3}$ Fuss, zugleich die reine Krafthöhe um etwa 29 Fuss — folglich auch den Wirkungsgrad dieser Maschine von 59,48 auf 64,56 Procent des verbrauchten Kraftwerthes vermehrt haben.

Verschiedene, hauptsächlich durch die Lokal-Verhältnisse des Schachtes bedingte Umstände bestimmten den Erbauer, auf eine erschöpfende Ausnutzung jener Vortheile zu verzichten; auch blieb nicht unerwogen, dass dieser nachgewiesene Ueberschuss der bewegenden Gewichtslast in einem anderen Wege, nämlich durch die einseitige Steigerung der Kolben-Geschwindigkeit im niedergehenden Hube — also mittelbar durch Zeitgewinn — für die Quantität der Leistung nutzbar seyn werde.

§. 4.

Leitende Vorbedingungen für die angewendete Kolbensteuerung.

Der Mechanismus des zur hiesigen Maschinen-Steuerung angewendeten Dreikolbensystems ist, mit der erforderlichen Special-Erklärung einzelner Theile, in den vorstehenden Abschnitten beschrieben worden. Hierauf Bezug nehmend, werde ich jetzt noch Einiges über den methodischen Gang meines Verfahrens mittheilen, welchen ich bei der ausgeführten dynamischen Berechnung dieses vortrefflichen Princips Reichenbachscher Erfindung eingeschlagen habe.

Das diametrale Verhältniss der einzelnen Kolben kann, nach Maassgabe der bedingenden Neben-Umstände, verschiedentlich modificirt werden. Im vorliegenden Falle ist der Querschnitt des mittleren Steuerkolbens *M* schicklicherweise dem Querschnitte des Fallrohrs gleichgestellt worden; denn ein geringeres Maass würde die Contraktion der Treibwasser, ein grösseres Maass dagegen den Reibungs-Widerstand der Liederung und die Schwierigkeit ihres dauerhaften Verbandes unnöthiger Weise vermehrt haben.

Weil der untere Steuerkolben *U* mit dem Wechselkolben *M* nebst der steifen gemeinschaftlichen Zwischenstange ein unergänztes Stück formirt, und die Bodenplatte des unteren Steuer-Cylinders zugleich mit auf dem Fundamente (den gemauerten Bogenpfeilern *I*) ihre Unterstützung findet: so lässt sich das Einbringen der genannten Kolben nur von oben bewerkstelligen. Aus diesem Grunde musste dem unteren Gegenkolben *U* ein kleinerer Durchmesser gegeben werden als dem Wechselkolben *M*. Der obere Gegenkolben *O*, welcher nur dem einseitigen Drucke der Aufschlagwasser-Säule ausgesetzt ist, konnte für sich und seine Cylinder eine ablösbare Verbindung und, in Folge des zuvor festgestellten Flächen-Verhältnisses der beiden anderen Kolben, jede aus der dynamischen Berechnung sich ergebende Grösse ohne beschränkende Rücksicht erhalten.

Ein anderer Gegenstand nothwendiger Vorbedingung ist die Hinlänglichkeit der Steuerkraft für die gleichmässige Wirkung im aufsteigenden und niedergehenden Wege des Dreikolbensystems. Ein reichlicher Kraft-Ueberschuss kann sehr bequem durch die in den Steuerwasser-Leitröhren (L, L') befindlichen Sperrhähne (x, x') vermindert und nach Belieben regulirt werden — ein Mangel desselben aber Verlegenheit wegen Aushülfe und, bei einem raschen Umgangsspiele der Maschine, sogar die Gefahr von Brüchen in dem Kolben- und Schachtgestänge herbeiführen. Der Reibungs-Widerstand an den Steuerkolben ist veränderlich und oft sehr beträchtlich, wenn, abgesehen von anderen Zufälligkeiten, das erneuerte Scheibengelieder durch das Einsaugen von Wasser übermässig anschwillt; in solchen Fällen muss man, selbst bei reichlicher Steuerkraft, diesen Hindernissen durch das Abhobeln oder Nachdrehen der Umfläche des presshaften Gelieders zu begegnen suchen.

Endlich ist die Stellbarkeit des Mechanismus, welcher die bei jedem Hubwechsel des Treibkolbens unterbrochene Thätigkeit der Steuerung periodisch eröffnet und abschliesst (hier die Steuerwelle W mit den rückbaren Armen a, a' und übrigem Zubehör, vermittelst der Steuerscheibe B), in möglichst entfernten Gränzen zu halten. Die Geschwindigkeit des Wechselkolbens M ist, abgesehen von dem Maasse der Steuerkraft, beschränkt durch die Vorkehrung gegen den hydraulischen Widder (§. 5. Abschnitt II.); bei einem raschen Umgangsspiele des Treibkolbens muss die Funktion der Steuerung zeitiger beginnen und früher enden als bei einem langsamen Spiele, wenn, wie es nöthig ist, der Nachtheil einer Ueberschreitung oder einer Verkürzung der normalen Hublänge vermieden werden soll.

§. 5.

Das Wirkungs-Verhältniss und die Berechnungs-Methode des Dreikolbensystems zur hiesigen Maschinen-Steuerung.

Betrachtet man, mit Berücksichtigung der jetzt erwähnten praktischen Maassregeln, die hydrodynamischen Zustände des Steuerungs-Apparates, so erkennt man bald die Veränderlichkeit der Pressungs-Verhältnisse, welche Statt findet: nicht allein, wenn die Umgangs-Geschwindigkeit der Maschine verschieden ist, sondern auch, wenn bei einer gleichen Anzahl von Kolbenspielen einzelne Zeit-Abschnitte der Steuerungs-Periode berechnet und in Vergleichung gestellt werden. Denn der Steuer-Wechselkolben *M* muss, sowohl im Niedergehen als im Aufsteigen, erst einen gewissen Theil seines bestimmten Weges zurücklegen, ehe die Communication der einwirkenden Wassersäulen, resp. in der Fall- oder Hinterröhre, mit dem Raume des Treib-Cylinders geöffnet oder verschlossen wird. Es befinden sich demnach die der Wasser-Pressung ausgesetzten Flächen der Steuerkolben periodisch und theilweise unter dem Drucke ruhender oder bewegter Wassersäulen. Ist die Bewegung einer dieser Kolbenflächen passiv, so wird das Maass ihrer Treibkraft grösser seyn unter dem Drucke einer ruhenden als unter dem Drucke einer bewegten Wassersäule; ist jene Bewegung aktiv, so wird eine ruhende Wassersäule weniger Reaktion darbieten als eine bewegte. In jedem einzelnen dieser Zustände entspricht die Differenz der Treibkraft derjenigen hydraulischen Widerstandshöhe, welche wegen Geschwindigkeits-Erzeugung und Bewegungs-Hinderniss für die betreffende hydrostatische Druckhöhe in Abzug oder in Zusatz gebracht werden muss. Streng genommen kann ein wirklicher Ruhestand der genannten Wassersäulen nur im Augenblick der Hubwechsel-Pause eintreten; hat z. B. vor eingetretener Oeffnung des Treib-Cylinder-Raumes der Steuerkolben-Lauf begonnen, so entsteht allerdings, bei dem Flächen-Unterschiede des mittleren und oberen Steuerkolbens, schon eine nach der Geschwindigkeit dieser Kolben bestimmbare Bewegung der Kraftwasser im Fallrohre; es ist aber die Grösse derselben so gering, dass man ihren Einfluss auf Widerstands-Erzeugung unbeachtet lassen und allgemein unter ähnlichen Umständen die Annahme eines Ruhestandes füglich gestatten kann.

Es sey, in allgemeiner Bezeichnung:

der Querschnitt des oberen Steuerkolbens $(O) = \mu$ Q.F.
« « « mittleren « $(M) = \lambda$ «
« « « unteren « $(U) = \eta$ «

die auf eine hydrostatische Pressung reducirten Wassersäulen-Höhen, in Fussen, über den Querschnittsflächen der Steuerkolben, als:

<table>
<tr><td rowspan="2">unter O</td><td>im Ruhestande . . $= H$</td><td rowspan="4">betr. die Einfallröhre,</td></tr>
<tr><td>in der Bewegung, nach Abzug der Widerstandshöhen . . $= H^-$</td></tr>
<tr><td rowspan="2">auf M</td><td>im Ruhestande . . $=$ H</td></tr>
<tr><td>in der Bewegung nach Abzug der Widerstandshöhen $=$ H$^-$</td></tr>
<tr><td rowspan="2">unter M</td><td>im Ruhestande . . $=$ E</td><td rowspan="4">betr. die Hinterröhre,</td></tr>
<tr><td>in der Bewegung nach Zusatz der Widerstandshöhen $=$ E$^-$</td></tr>
<tr><td rowspan="2">auf U</td><td>im Ruhestande . . $= E$</td></tr>
<tr><td>in der Bewegung mit Zusatz der Widerstandshöhen $= E^-$</td></tr>
</table>

unter U {
bei aufsteigender Bewegung aus der Einfallröhre, wenn die Kraftwassersäule bewegt wird, nach Abzug der Widerstandshöhen $= h^-$,
wenn dieselbe ruhet $= h$,
bei niedergehender Bewegung aus der Hinterröhre, wenn deren Wassersäule in Bewegung, mit Zusatz der Widerstandshöhen $= e^-$,
in Ruhe $= e$.

Es bezeichne ferner, in Pfunden:

G (beiläufig = 170 Pfd.) das absolute Gewicht der mit einander verbundenen drei Steuerkolben;

γ (= 51,73 Pfd.) das Gewicht von einem Cubikfuss Wasser;

q und Q (= 2200 Pfd.) der mittlere Werth der für die Kolbenbewegung resp. nieder- und aufwärts anzuwendenden Steuerkraft;

q^-, $q^=$, imgleichen Q^- und $Q^=$ die unter Umständen verschiedenen Werthe der Steuerkraft;

so ist,

wenn die Zeichen + und — zugleich die relativ entgegengesetzten Richtungen des Druckes andeuten:

1) Für den Niedergang der vereinigten Steuerkolben.

a. Im Anfange.

$$q^- = \mathrm{H}.\lambda\gamma + E^-.\eta\gamma + G - H.\mu\gamma - e^-.\eta\gamma - \mathrm{E}^-\lambda\gamma$$

b. Am Ende.

$$q^= = \mathrm{H}^-.\lambda\gamma + E.\eta\gamma + G - H^-.\mu\gamma - e.\eta\gamma - \mathrm{E}\lambda\gamma$$

daher im mittleren Werthe beider Zustände:

$$\frac{q^- + q^=}{2} = \frac{\mathrm{H} + \mathrm{H}^-}{2}.\lambda\gamma + \frac{E + E^-}{2}.\eta\gamma + G$$

$$- \frac{H + H^-}{2}.\mu\gamma - \frac{e - e^-}{2}.\eta\gamma - \frac{\mathrm{E} + \mathrm{E}^-}{2}.\lambda\gamma = q. \qquad \text{(I)}$$

2) Für den Aufgang genannter Kolben.

a. Im Anfange.

$$Q^{-} = H^{-}.\mu\gamma + \mathrm{E}.\lambda\gamma + h^{-}.\eta\gamma - G - \mathrm{H}^{-}.\lambda\gamma - E.\eta\gamma$$

b. Am Ende.

$$Q^{=} = H.\mu\gamma + \mathrm{E}^{-}.\lambda\gamma + h.\eta\gamma - G - \mathrm{H}.\lambda\gamma - E^{-}.\eta\gamma$$

daher im mittleren Werthe beider Zustände:

$$\frac{Q^{-}+Q^{=}}{2} = \frac{H+H^{-}}{2}.\mu\gamma + \frac{\mathrm{E}+\mathrm{E}^{-}}{2}.\lambda\gamma + \frac{h+h^{-}}{2}.\eta\gamma$$
$$-G - \frac{\mathrm{H}+\mathrm{H}^{-}}{2}.\lambda\gamma - \frac{E+E^{-}}{2}.\eta\gamma = Q. \qquad \text{(II)}$$

Der gestellten Bedingung zufolge soll die mittlere Steuerkraft im Niedergehen und Aufsteigen der Kolben gleichen Werth haben, also $q = Q$ seyn; mithin nach (I) und (II):

$$\frac{\mathrm{H}+\mathrm{H}^{-}}{2}.\lambda\gamma + \frac{E+E^{-}}{2}.\eta\gamma + G - \frac{H+H^{-}}{2}.\mu\gamma$$
$$-\frac{e+e^{-}}{2}.\eta\gamma - \frac{\mathrm{E}+\mathrm{E}^{-}}{2}.\lambda\gamma = -\frac{\mathrm{H}+\mathrm{H}^{-}}{2}.\lambda\gamma$$
$$-\frac{E+E^{-}}{2}.\eta\gamma - G + \frac{H+H^{-}}{2}.\mu\gamma + \frac{h+h^{-}}{2}.\eta\gamma$$
$$+\frac{\mathrm{E}+\mathrm{E}^{-}}{2}.\lambda\gamma.$$

oder:

$$(\mathrm{H}+\mathrm{H}^{-}).\lambda\gamma + (E+E^{-}).\eta\gamma + 2G = (H+H^{-}).\mu\gamma$$
$$+\left[\frac{e+e^{-}}{2} + \frac{h+h^{-}}{2}\right].\eta\gamma + (\mathrm{E}+\mathrm{E}^{-}).\lambda\gamma. \qquad \text{(III)}$$

Aus dieser letzten Gleichung folgt ein Werth für

$$\mu = \left\{\frac{\left\{\begin{matrix}(\mathrm{H}+\mathrm{H}^{-}).\lambda\gamma + (E+E^{-}).\eta\gamma + 2G \\ -\frac{e+e^{-}}{2}.\eta\gamma - \frac{h+h^{-}}{2}.\eta\gamma - (\mathrm{E}+\mathrm{E}^{-}).\lambda\gamma\end{matrix}\right\}}{(H+H^{-})\gamma}\right\} \qquad \text{(IV)}$$

Aus der Isten Gleichung aber, in etwas einfacherer Form:

$$\mu = \frac{\left\{ \begin{array}{l} (H + H^{-})\lambda\gamma + (E + E^{-})\eta\gamma + 2G \\ -(e + e^{-})\eta\gamma - (E + E^{-})\lambda\gamma - 2q \end{array} \right\}}{(H + H^{-})\gamma} \qquad \text{(V)}$$

Eine aus diesen beiden Werthen (IV und V) für μ formirte Gleichung ergiebt:

$$\frac{e + e^{-}}{2} . \eta\gamma + \frac{h + h^{-}}{2} . \eta\gamma = (e + e^{-})\eta\gamma + 2q$$

und hieraus:

$$\eta = \frac{4q}{[(h + h^{-}) - (e + e^{-})]\gamma} \qquad \text{(VI)}$$

Die Anwendung der in den Gleichungen (V) und (VI) abgeleiteten Formeln erheischt jedenfalls, um die Kolbenflächen μ oder η zu finden, eine Vorausberechnung der hydraulischen Zustände, in welche die Wassersäulen sowohl der Einfall- als Hinterröhre, bei einer bestimmten grössten Umgangs-Geschwindigkeit der Maschine, versetzt werden. Die numerischen Werthe für h, h^{-} und e, e^{-} sind ausserdem aber abhängig von dem Dimensions-Verhältniss der Steuerwasser-Leitröhren L und L' in Beziehung auf den Querschnitt und die Geschwindigkeit des unteren Steuerkolbens U; nicht weniger muss hierbei die Bohrung des Steuerhahnes und die Knieform der angeordneten Leitröhren (L und L') in Betracht gezogen werden, weil auch deshalb die hydraulischen Hindernisse beim Zulassen und Abführen der Steuerwasser einen nicht unerheblichen Zuwachs erlangen.

Die combinirte Erwägung dieser Vorfrage und der schon oben wegen des diametrischen Verhältnisses anerkannten Bedingung liess es unvermeidlich seyn, den Durchmesser des unteren Steuerkolbens U vorab festzustellen, und in Folge der alsdann bekannten oder bestimmbaren Grössen von λ, η, h, h^{-}, e und e^{-} den Werth von μ, gleich der Querschnittsfläche des oberen

Steuerkolbens (O), nach der Vten Gleichung zu berechnen.

In dem hiesigen Anwendungsfalle ergab die ausgeführte Berechnung einen Werth für $\mu = 0{,}093227$ Quadratfuss und hiernach dessen Durchmesser = 4 Zoll 1,612 Linien, wie bereits früher angegeben worden ist.

Die Menge der zu einem Treibkolben-Spiele erforderlichen Steuerwasser ist unveränderlich und gleich dem Produkt der Querschnittsfläche (η) des unteren Steuerkolbens mit der constanten und genau begränzten Wegeslänge seiner Aufsteigung. Dieser Nebenverbrauch = 0,2491 Cubikfuss ist unabhängig von der Länge des Treibkolben-Zuges und beträgt bei einem 6füssigen Normal-Hube = $\frac{1}{32}$ oder = $3\frac{1}{8}$ Procent des ganzen Aufschlagewasser-Bedarfs.

§. 6.

Nachrichten über den Umfang der beobachteten grössten Leistung beider Wassersäulen-Maschinen.

Der Betriebsgang der genannten Maschinen wird, um für die Navigation, welche zum Transport der Erze vom Burgstädter nach dem Rosenhöfer Zuge auf der Tiefen Wasserstrecke eingerichtet worden ist, eine stets nutzbare Standhöhe des Fahrwassers zu erhalten, an eine gewisse Abhängigkeit gebunden, die nicht erforderlich wäre, wenn jene horizontale Strecke (1 Lachter weit und $1\frac{1}{2}$ Lachter hoch) ohne eine solche Beschränkung als ein Sammelbehälter für die Grundwasser frei gebraucht werden könnte. In trockener Jahreszeit kann man den nöthigen Aushub oft noch durch eine Maschine mit 3 bis 4 Kolbenspielen pro Minute beschaffen, oder diese geringere Leistung auf beide Maschinen mit halber Umgangs-Geschwindigkeit vertheilen. An und für sich ist die Anstellung des Maschinenbetriebes auf jede beliebige Leistung, unterhalb ihres Maximums, mittelst der Sperr-Apparate (k, k', k'') leicht und schnell bewerkstelligt, auch jener gespannten Forderung, rücksichtlich des Wasserstandes, durch die Aufmerksamkeit der Wärter bisher immer noch befriedigend entsprochen worden. Umständlicher jedoch ist die Anrichtung des Betriebes auf den vortheilhaftesten Zustand aller Partial-Funktionen dieser Maschinen, um für die Grösse der Leistung das wahre Maximum zu erzielen.

Eine möglichst gesteigerte Ausnutzung des Hubweges der Treibkolben, die relativ vermehrte Geschwindigkeit derselben im Niedergange und die Präcision der wechselnden Steuerung sind Bedingungen, deren gegenseitigen Einfluss, beim regulirenden Gebrauch der betreffenden Hülfsmittel, man nur durch Versuche ausprobiren kann.

Die Beobachtungen, deren Resultate im Nachstehenden mitgetheilt werden, sind allerdings nicht mit erschöpfender Rücksicht auf eine vollständige Combination der erwähnten Bedingungen angestellt. Dessenungeachtet bestätigen sie, mit annähernder Uebereinstimmung, einzelne Voraussichten des nach seinen dynamischen Verhältnissen dargelegten Projektes.

Bisher ist die Förderungshöhe der Grundwasser ausschliesslich nur bis zum Abguss-Niveau auf dem Tiefen Georgstollen $3\frac{2}{3}$ Fuss über der Sohle des letzteren in Anschlag gebracht worden. Die Fortsetzung eines Feld-Ortes der Grube Silberseegen erheischte die Hülfe einer Wetterschaffungs-Vorrichtung, deren Betrieb man beiläufig durch die Wassersäulen-Maschinen zu ermitteln wünschte. In Erwägung der Ueberkraft, welche diese Maschinen darbieten, wenn sie bei mittleren und geringeren Grundwasser-Zugängen zurückgestellt werden müssen, fand man es zweckdienlich, unter Beibehaltung des jetzigen Gefälles, die Steigröhren der Pumpen um $26\frac{1}{2}$

Fuss zu erhöhen und den Rückfall der Hubwasser bis zur Stollensohle für eine Wettertrommel zu benutzen. Man erhielt auf diese Weise zwei Abgüsse an jeder Steigröhre, von denen der untere nach Erforderniss geöffnet oder verschlossen werden kann. Die hiernach auf zwei verschiedenen Förderungshöhen angestellten vier Umgangs-Versuche sind, auf einander folgend, am 24. März 1836 vorgenommen und in Zeiträumen von 5 Minuten bei einer dreimaligen Wiederholung übereinstimmend befunden worden.

Versuch Nr. 1.

die 1ste (zuerst hergestellte) Maschine betreffend.

Zustand der Anrichtung. Die Sperrscheiben (k, k') am Fallrohre und im Treibcylinder-Halse waren völlig geöffnet, die Sperrscheibe (k'') der Hinterwasserröhre aber nur etwas über 45 Grad von dem Quadranten ihres Drehwinkels aufgemacht. Die Grundwasser wurden, im tieferen Abguss der Steigröhre, unmittelbar zum Georgstollen abgehoben; ihre Standhöhe über der Sohle der Tiefen Wasserstrecke betrug $3\frac{1}{2}$ Fuss.

Resultate des Umganges.

Anzahl der Kolbenspiele des Treib- und Pump-Cylinders, pro Minute . . . = 4,4

Hublänge dieser Kolben = 68 Zoll, oder in Fussen . . . . = 5,6666

Verbrauchte Aufschlagewasser:

pro Minute, Cubikfuss

im Treibcylinder (1,2885 QF. × 4,4 × 5,6666 F.) = 32,1265

zur Steuerung (4,4 × 0,2491 Cub. F.) . . = 1,0960

überhaupt Cubikfuss (M) = 33,2225

die benutzte Gefällhöhe, in Fussen

$$(H) = 611{,}6666$$

mithin das Produkt des Kraftwerthes

$$(MH) = 33{,}2225\,\text{CF.} \times 611{,}6666\,\text{F.} = 20320\,\text{Fuss-Cub.F.}$$

Gehobene Grundwasser, pro Minute, Cubikfuss

$$= 1{,}3405\ \text{QF.} \times 4{,}4 \times 5{,}6666\ \text{F.}\ (= m) = 33{,}4230$$

Ganze Förderungshöhe ($= h$) in Fussen, nach Abzug des Grundwasserstandes

$$= 361 - 3{,}5 = 357{,}5\ \text{Fuss.}$$

Produkt des Lastwerths

$$(mh) = 33{,}4230\ \text{CF.} \times 357{,}5\ \text{F.} = 11948\ \text{Fuss-CF.}$$

demnach der Wirkungs-Grad:

$$W = \frac{m.h}{M.H} = \frac{11948}{20320} = 0{,}5880.$$

Ferner nach der Beobachtung:

die Zeitdauer eines (Treib- und Pump-) Kolbenspieles bei der gemessenen Hublänge = 13,636 Sekunden; hiervon sind verwendet:

zur Aufsteigung	7,000	Sekunden
zum Niedergange	4,500	«
zur doppelten Pause des Hubwechsels	2,136	«

Die Zeitdauer des Steuerkolben-Laufes, zur einfachen Wegeslänge = 16¼ Zoll,

im Aufsteigen	5	Sekunden
im Niedergehen	4½	«

Versuch Nr. 2.

ferner die 1ste Maschine betreffend.

Zustand der Anrichtung. Der tiefere Abguss war geschlossen, dagegen aber der höhere zum Abhub der Grundwasser auf die Wettertrommel geöffnet worden; im Uebrigen blieb der vorhinnige Zustand unverändert.

Resultate des Umganges.

Anzahl der Kolbenspiele des Treib- und Pump-Cylinders pro Minute . . . . = 4,2

Hublänge dieser Kolben = 65 Zoll, oder in Fussen . . . . = 5,4166

Verbrauchte Aufschlagewasser:

pro Minute, Cubikfuss

im Treibcylinder (1,2885 QF. × 4,2 × 5,4166 F.) = 29,3133

zur Steuerung (4,2 × 0,2491 CF.) . . . = 1,0462

überhaupt Cubikfuss (M) = 30,3595

Die benutzte Gefällhöhe, in Fussen wie zuvor (H) = 611,6666

mithin das Produkt des Kraftwerthes (MH) = 30,3595 CF. × 611,6666 F. = 18570 Fuss-Cub.F.

Gehobene Grundwasser, pro Minute, Cubikfuss (m) = 1,3405 QF. × 4,2 × 5,4166 F.) = 30,4963.

Die ganze Förderungshöhe (= h) in Fussen jetzt = 361 — 3,5 + 26,5 = 384.

Produkt des Lastwerthes (mh) = 30,4963 CF. × 384 F. = 11710 Fuss-Cub.F.

demnach der Wirkungsgrad

$$W = \frac{m.h}{M.H} = \frac{11710}{18570} = 0,6306$$

Versuch Nr. 3.

die 2te (zuletzt erbaute) Maschine betreffend.

Zustand der Anrichtung. Alle drei Sperrscheiben (k, k', k'') dieser Maschine waren völlig geöffnet; der Abhub der Grundwasser, bei der nämlichen Standhöhe (3,5 Fuss) über der Wasserstrecken-Sohle, erfolgte im tieferen Ausguss unmittelbar auf den Tiefen Georgstollen.

Resultate des Umganges.

Anzahl der Kolbenspiele des Treib- und Pump-Cylinders, pro Minute . . . = 4,0

Hublänge dieser Kolben = 73 Zoll, oder in Fussen . . . . = 6,0833

Verbrauchte Aufschlagewasser:

pro Minute, Cubikfuss

im Treibcylinder (1,2885 QF. × 4,0 × 6,0833) = 31,3530

zur Steuerung (4,0 × 0,2491) . . . . . = 0,9964

überhaupt Cubikfuss (M) = 32,3494

Die benutzte Gefällhöhe

(H) = 611,6666

mithin das Produkt des Kraftwerthes

(MH) = 19787 Fuss-Cubikfuss.

Gehobene Grundwasser pro Minute, Cubikfuss

(m) = 4,0 × 1,4940 × 6,0833 = 36,3535.

Die Förderungshöhe (wie bei der 1sten Maschine Versuch Nr. 1.)

(h) = 357,5 Fuss.

Produkt des Lastwerthes

(mh) = 36,3535 CF. × 357,5 F. = 12996 Fuss-CF.

und demnach der Wirkungsgrad

$$W = \frac{m.h}{M.H} = \frac{12996}{19787} = 0,6568.$$

Ferner nach der Beobachtung:

die Zeitdauer eines (Treib- und Pump-) Kolbenspieles bei der gemessenen Hublänge = 15 Sekunden; hiervon sind verwendet:

zur Aufsteigung	$8\frac{3}{4}$	Sekunden
zum Niedergange	$4\frac{1}{4}$	«
zur doppelten Pause des Hubwechsels	2	«

Die Zeitdauer des Steuerkolben-Laufes, zur einfachen Wegeslänge = $16\frac{1}{4}$ Zoll,

im Aufsteigen . . . . $6\frac{1}{2}$ Sekunden
im Niedergehen . . . $5\frac{1}{4}$ «

Versuch Nr. 4.

ferner die 2te Maschine betreffend.

Zustand der Anrichtung. Unter übrigens gleichen Umständen, wie im Versuche Nr. 3, förderte die Pumpe ihre Hubwasser auf das höhere Abguss-Niveau zur Wettertrommel.

Resultate des Umganges.

Anzahl der Kolbenspiele des Treib- und Pump-Cylinders pro Minute = 3,0
Hublänge dieser Kolben (wie zuvor) = 6,0833 Fuss
Verbrauchte Aufschlagewasser:

pro Minute, Cubikfuss

im Treibcylinder (= 1,2885 QF. × 3 × 6,0833 F.) = 23,5150
zur Steuerung (= 3 × 0,2491) . . . . = 0,7473

überhaupt Cubikfuss (M) = 24,2623

Die benutzte Gefällhöhe
(H) wie zuvor = 611,6666

mithin das Produkt des Kraftwerthes
(MH) = 24,2623 CF. × 611,6666 = 14840 Fuss-CF.

Gehobene Grundwasser pro Minute, Cubikfuss
(m) = 3 × 1,4940 QF. × 6,0833 F. = 27,265.

Die ganze Förderungshöhe jetzt (wie bei der 1sten Maschine Versuch Nr. 2.)
h in Fussen = 384

Produkt des Lastwerthes
(mh) = 27,265 CF. × 384 F. = 10470 Fuss-CF.

mithin der Wirkungsgrad

$$W = \frac{m.h}{M.H} = \frac{10470}{14840} = 0{,}7055.$$

Bemerkungen zu der vorstehenden Versuchs-Reihe.

1) Die Konificirung des mittleren Steuer-Wechselkolbens M der zuerst gebauten Maschine ist an der unteren Endfläche, welche ausschliesslich auf die Hinterwasser einwirkt (Abschnitt II. §. 5.), auf eine kürzere Längen-Axe als bei der 2ten Maschine beschränkt worden. Dieser Umstand ist Ursache, dass in jener beim Absperren der Hinterwasser die Wirkung des hydraulischen Widders hörbar wird, wenn man die Geschwindigkeit des Treibkolben-Niederganges beträchtlich steigern will. Obgleich nun diese Widderstösse keine merkbare Erschütterung zur Folge haben, und nur durch ihren Schall-Effekt das Ohr belästigen: so beabsichtigt man dennoch eine Verbesserung der betreffenden Kolbenform gelegentlich vorzunehmen, um durch eine völlige Oeffnung der Sperrscheibe k'' auch mit der 1sten Maschine die bisher und in den Versuchen Nr. 1 und 2 noch entbehrten Vortheile einer grösseren Niedergangs-Geschwindigkeit zu erreichen.

2) Sowohl die verbrauchten als die gehobenen Wassermengen sind in den mitgetheilten Resultaten obiger Versuche nach dem mathematischen Aushube berechnet worden. Es ist daher noch zu erörtern, in welchem Maasse Verluste Statt finden, welche durch den Fehlgang in der Liederung und an den Pumpen-Ventilen entstehen können. Im Allgemeinen ist die Tüchtigkeit der angewendeten Liederung, unter den im Abschnitt II. §. 8. berichteten Umständen und Erfahrungen, für sehr befriedigend zu halten. Die Stopfbüchsen der Kolbenstangen verlieren in der Regel beim beständigen Gebrauch

der Schmierpressen gar kein Wasser; kleine Dichtigkeits-Mängel derselben werden, wenn sie erscheinen, alsbald abgestellt. Die Treibkolben, deren offen erhaltene Cylinder beständig geschmiert werden können, haben ganz gewöhnlich einen sehr unbedeutenden Wasser-Verlust, der nicht selten nur periodisch Statt findet und zum Theil von der Wasser-Temperatur abhängig zu seyn scheint. Der höchste Betrag dieses Fehlganges ist gemessen und nur zu $\frac{1}{4}$ Procent der ganzen, nach dem mathematischen Aushube berechneten Aufschlagewasser-Menge — einschliesslich der Steuerwasser — cubicirt worden.

Im Pump-Cylinder durfte man, weil er verschlossen ist und keine Schmiere empfangen kann, einen grösseren Wasser-Verlust schon im Voraus erwarten. Wiederholte Messungen in dem ungünstigsten Zustande der Kolben-Liederung haben dafür, einschliesslich des durch den Ventilschlag entstehenden Fehlganges, $3\frac{1}{4}$ bis $4\frac{1}{2}$ Procent des mathematischen Aushubes ergeben. Die Dichthaltung der Ventile selbst dauert in grösster Vollkommenheit fort und hat ihr bisheriger Gebrauch keine Spur eingetretener Abnutzung an den eingeschliffenen Schlussflächen bemerken lassen.

Die Hälfte jener im höchsten Maasse beobachteten Verluste wird für die Reduktion der aus den obigen Versuchen berechneten Resultate durchschnittlich anzunehmen und hiernach der Mehrverbrauch an Aufschlagewasser $= \frac{1}{8}$ Procent, dagegen der Hubwasser-Verlust $= 2\frac{1}{4}$ Procent des mathematischen Aushubes, mit annähernder Sicherheit, zu bestimmen seyn.

3) Vergleicht man die aus den angestellten Beobachtungen einer jeden einzelnen Maschine hervorgegangenen Erfolge der quantitativen Leistung mit dem relativen Nutz-Effekt hinsichtlich des Wirkungsgrades, so erkennt man ein entgegengesetztes Verhältniss dieser Positionen,

dessen Ursprung nach bekannten dynamischen Gesetzen zu erläutern ist. Denn der numerische Werth des sogenannten Wirkungsgrades kann für die Würdigung einer Maschine nur Gültigkeit haben, wenn derselbe auf denjenigen Betriebszustand bezogen wird, in welchem zugleich die Quantität des Effekts ein bedingtes Maximum erreicht hat.

Abschnitt IV.

Lokal-Zustände des hiesigen Bergbaues, welche den Umfang des neuen Wasserhaltungs-Planes und die Ausführung der im Obigen beschriebenen Maschinen-Anlage bestimmt haben.

§. 1.

Objekt der erforderlichen Wasserhaltung und der dazu vorhandenen Hülfsmittel.

Der Bergbau auf den silberhaltigen Bleiglanz-Gängen des hannoverschen Harzes hat in derjenigen Abtheilung, welche westlich vom Bruchberge belegen ist, durch den Betrieb seit drei bis vier Jahrhunderten einen merkwürdigen Zusammenhang erlangt.

Wie auf der Oberfläche dieser Gebirgsgegend die Ansammlung und Fortleitung der vorhandenen Aufschlagewasser einer grossen Anzahl von Radgefällen das gemeinschaftliche Kraftmittel darbietet, so eröffnen sehr ausgedehnte Communicationen im Innern der Grubengebäude die Hülfsmittel zur vereinbarten Wasserlösung.

In der zuletzt erwähnten Beziehung ist der Tiefe Georgstollen von höchster Wichtigkeit; derselbe hat gegenwärtig, ohne Hinzurechnung der Querschläge, mit einer Gesammtlänge von 9395 Lachtern, à $6\frac{2}{3}$ Fuss (sind $2\frac{2}{5}$ geographische Meilen), die wichtigsten Grubenzüge des Clausthaler und Zellerfelder Reviers aufgeschlossen und deren Entwässerung bis zu einer Teufe von 120 bis 150 Lachtern bewerkstelligt. Aber schon während der weiten Fortsetzung des Tiefen Georgstollens in den Endzweigen seiner dermaligen Länge erheischten die inzwischen vorgerückten Tiefbaue mehrer Grubengebäude eine neue Hülfe zur Wasserhaltung.

Obwohl es möglich ist, diese tiefere Wasserlösung im Wege eines zweiten und letzten Hauptstollens zu erzielen, so war es nichts desto weniger rathsam, vorerst mit einem viel geringeren Aufwande von Zeit und Kosten jenem Bedürfniss zu entsprechen.

Der desfallsige Hülfsplan gründete sich wesentlich auf eine, mittelst der sogenannten 1sten Tiefen Wasserstrecke hergestellte Grundwasser-Communication in etwa $53\frac{1}{2}$ Lachter Teufe unter dem Georgstollen und auf die vortheilhafte Benutzung einer geringen Wasserkraft mit sehr beträchtlicher Fallhöhe durch Wassersäulen-Maschinen in dem saiger abgeteuften neuen Richtschacht der Grube Silberseegen.

Jene 1ste Tiefe Wasserstrecke ist mit horizontaler Sohle getrieben und verbindet gegenwärtig bei 3183 Lachtern (etwa $\frac{4}{5}$ Meilen) eigentlicher Ortslänge die Clausthaler Gruben-Reviere des Rosenhöfer und Burgstädter Zuges mit dem vorderen Revier des Zellerfelder Hauptzuges; sie bildet als ein gemeinschaftlicher Grundwasser-Kanal, der beiläufig mit einer Wasserstandshöhe von 50 bis 60 Zoll zur Bootsförderung der Erze des Burgstädter Zuges benutzt wird, die vermittelnde Operations-Linie der im Silberseegener Richtschacht erbauten zwei Säulen-Maschinen, deren Anlage im Jahre 1835 vollendet worden ist.

Insofern die Herstellung dieser Wassersäulen-Maschinen darauf abgezweckt, gewissermassen die Stelle eines tieferen Tagestollens zu ersetzen, so muss deren Wirkungsfähigkeit das Mittel gewähren, 14 bis 16 Radkünsten, die überhaupt in den angefahrenen 13 Tageschächten vorhanden sind, diejenige Hublast abzunehmen, welche sie zuvor auf eine mehre Höhe von 50 bis $53\frac{1}{2}$ Lachter, nämlich von der erwähnten Tiefen Wasserstrecke bis zum Tiefen Georgstollen zu gewältigen hatten.

Ungewöhnliche Grundwasser-Mengen, welche im Herbst und Frühjahr durch Tagefluthen den Tiefbauen der Gruben-Gebäude zufallen, können allerdings das projektirte Kraftmaass der Säulen-Maschinen überschreiten; in solchen Fällen dienen aber die vorhandenen Radkunst-Gezeuge — dann ohnehin bei reichlichem Aufschlagewasser — als Reserve zur zeitweiligen Mitwirkung, indem sie nach Bedarf auf den Zustand ihrer früheren Leistung wiederum mit angerichtet werden.

§. 2.

Bestimmende Rücksichten beim Entwurf des ausgeführten Maschinen-Bauplanes.

Aus den jetzt dargestellten Lokal-Umständen mag erhellen, wie bei den Säulen-Maschinen hiesigen Orts die Tieferstellung ihrer Treibcylinder um $80 - 3\frac{2}{3} = 76\frac{1}{3}$ Fuss unter der Sohle des wasserlösenden Hauptstollens unbedenklich geschehen konnte, weil die Gefahr des Erlaufens dieser Kraftcylinder füglich nicht eintreten kann. Dieselbe Ansicht gilt schon für die Freierhaltung der Pumpcylinder, obgleich letztere nahe über der Sohle der grundwasser-Strecke eingebaut sind, selbst abgesehen von der bedingten Unschädlichkeit eines solchen — nur temporellen — Wasser-Aufganges für die Fortsetzung des pumpenbetriebes.

Eine andere Rücksicht, welche in dem gegenwärtigen Wasserhaltungs-System auf die Disposition der neuen Maschinen-Anlage bestimmenden Einfluss hatte, betrifft die Sicherstellung des Grubenbetriebes durch eine ausdauernde Wirksamkeit der Maschinenkraft. Man hatte gute Gründe, die erforderliche ganze Leistung nicht einer einzelnen Maschine anzuvertrauen, oder, was dem gleich käme, die gegenwärtig aufgestellten zwei Treibcylinder durch eine gemeinschaftliche Fallröhre und einen gemeinschaftlichen Steuerungs-Apparat auf eine combinirte Wirkung zu verbinden. Obgleich die Bauart im Princip solcher zweistiefeligen Maschinen auch am hiesigen Orte eine nicht unbeträchtliche Kosten-Ersparung hätte erwarten lassen, indem dann gleichfalls auch die beiden Pump-Cylinder nur einer gemeinschaftlichen Saug- und Steigröhre und deren Schachtgestänge im gegenseitigen Gleichgewicht keines besonderen Balancir-Mittels bedurft hätten: so musste man dennoch ein getrenntes System deshalb vorziehen, um bei vorfallenden Reparaturen, welche selten beide Maschinen zugleich betreffen, eine völlige Störung des Maschinenbetriebes zu verhüten.

Dieselben Rücksichten liessen auch das Bedürfniss einer möglichst soliden Bauart nicht unbeachtet, die, wie der Erfolg des bisherigen Betriebsganges verhoffen lässt, die aufgewendeten Kosten und Vorsichts-Maassregeln reichlich belohnen wird.

§. 3.

Nachrichten über die Betriebs-Vortheile und Baukosten der vollendeten Maschinen-Anlage.

Früher, als die erste Tiefe Wasserstrecke nur den Burgstädter Grubenzug umfasste, wurden die drei Radkünste des St. Lorenzer Schachtes fortwährend im Gange erhalten, um die Grundwasser des genannten Zuges im letzten Aushube bis auf den Tiefen Georgstollen zu fördern. Vorgenommene Messungen haben die gesammte Leistung dieser $29\frac{1}{2}$ Fuss hohen oberschlächtigen Kunsträder, bei einer Förderungshöhe von 376 Fuss, zu 21 bis 35 Cubikfuss Hubwasser in der Minute und den Bedarf ihrer Aufschlagewasser zu 420 bis 540 Cubikfuss in gleicher Zeit ergeben. Den mit doppeltem Schachtgestänge versehenen Kunstkreuzen waren überhaupt 36 gewöhnliche Saugsätze angehängt, welche in dem stark verzimmerten donlägigen Schachtraum sehr erhebliche Reibungshindernisse zu überwinden hatten.

Die Kosten dieser nur auf den Burgstädter Zug beschränkten Wasserhaltung durch die St. Lorenzer Künste betrugen jährlich 1800 bis 2400 Rthlr. In dem letzten Jahre (1829) ihres vollständigen Betriebes waren verwendet:

an Löhnen für Wartung, drei Kunstknechte und einen Kunstjungen, und Aufsicht	845	Rthlr.
für Geleucht an das Personal	91	
für Maschinenschmiere und Liederungs-Materialien	236	«
für besondere Maschinen-Reparaturen, Materialien und Arbeitslöhne	750	«
überhaupt	1922	Rthlr.

In neuester Zeit, nachdem die Anlage der beiden Wassersäulen-Maschinen vollendet und für die Wasserhaltung der Gruben des Burgstädter, Rosenhöfer und vorderen Zellerfelder Hauptzuges eine gemeinschaftliche Basis durch die erste Tiefe Wasserstrecke planmässig erzielt worden ist, hat man den Mitgebrauch der St. Lorenzer Künste einstellen und die Gewältigung der auf 40 bis 56 Cubikfuss pro Minute vermehrten Grundwasser ausschliesslich durch die Säulen-Maschinen beschaffen können.

Den bereits erlangten Erfahrungen zufolge darf man die jährlichen Betriebskosten dieser Wassersäulen-Maschinen veranschlagen:

für Wartung, die Löhne zweier Maschinenwärter und Aufsicht	350	Rthlr.
für Geleucht an das Personal	34	«
für Maschinenschmiere und Liederungs-Materialien	72	«
für besondere Reparaturen . . .	144 bis 194	«
überhaupt zu	600 bis 650	Rthlr.

Die Summe der eigentlichen Baukosten, welche auf die Herstellung der beiden Wassersäulen-Maschinen im Silberseegener Richtschacht verwendet worden sind, beträgt nach einem vorläufigen Rechnungsabschluss 48863 Rthlr. Conventions-Münze. Es ist nachgewiesen, dass die Ueberschreitung des zu 40000 Rthlr. berechneten Voranschlages, theils durch eine vermehrte Anwendung von Kanonenmetall an Theilen, die früher von Guss- oder Schmiede-Eisen beabsichtigt waren, theils durch die Mehrausgabe auf verschiedene Reservestücke und die mit unerwarteter Schwierigkeit ausgerichtete Fundamentirung des Maschinenwerkes, endlich aber auch durch die Einrichtung besonderer Werkstätten und Gebäude-Räume verursacht worden ist.

FSC
www.fsc.org
MIX
Papier | Fördert
gute Waldnutzung
FSC® C083411

Zeitfracht Medien GmbH
Ferdinand-Jühlke-Straße 7
99095 Erfurt, Deutschland
produktsicherheit@kolibri360.de